机械类创新融合精品教材
"互联网＋"教育改革新理念教材

# 钳工工艺

主　编 ◎　冯发勇　　闫春景　　刘兴波

副主编 ◎　刘启蒙　　张　娟　　黄尚林

湖南大学出版社
·长沙·

图书在版编目(CIP)数据

钳工工艺/冯发勇,闫春景,刘兴波主编. --长沙:
湖南大学出版社, 2025.1. --ISBN 978-7-5667-3857-8

I. TG9

中国国家版本馆 CIP 数据核字第 2024HK8501 号

# 钳工工艺

QIANGONG GONGYI

主　　编:冯发勇　　闫春景　　刘兴波
责任编辑:陈　燕
印　　装:涿州汇美亿浓印刷有限公司
开　　本:889 mm×1194 mm　1/16　　　　印　　张:11　　　字　　数:282 千字
版　　次:2025 年 1 月第 1 版　　　　　　印　　次:2025 年 1 月第 1 次印刷
书　　号:ISBN 978-7-5667-3857-8
定　　价:48.00 元

出 版 人:李文邦
出版发行:湖南大学出版社
社　　址:湖南·长沙·岳麓山　　　　　　邮　　编:410082
电　　话:0731-88822559(营销部)　　　88821174(编辑部)　　　88821006(出版部)
传　　真:0731-88822264(总编室)
网　　址:http://press.hnu.edu.cn
电子邮箱:xiaoshulianwenhua@163.com

# 前　言

在当今快速发展的制造业中，钳工以其独特的技艺和精准的操作而闻名，它不仅是机械加工中不可或缺的一环，还是连接设计与制造、理论与实践的桥梁。随着科技发展推动制造业的不断升级，钳工技艺的传承与创新显得尤为重要。为了满足广大机械类专业学生对钳工技能学习的需求，我们精心编撰了这本《钳工工艺》教材。

我们在编撰本教材时重点考虑了以下几个方面：

（1）内容精选。本教材精选学生所必须掌握的基础知识，循序渐进，难度适中，能帮助学生逐步从新手转变为能手。因此，教材内容的选择以"必需、够用"为度。

（2）基础宽泛。机械类专业学生的知识面要宽，覆盖面要广。目前教学改革提倡"教学做"一体化，既要充分体现当前社会生产和服务的需求，又要充分考虑生产技术的发展趋势。职业教育要为学生的发展提供坚实的基础。因此《钳工工艺》的教材就不可避免地涉及相近或相关专业的知识和技能，给学生留下与各种知识相衔接的"串行接口"和"并行接口"，切实提高学生的综合操作能力。

（3）以应用能力培养为主。钳工工艺是一门实操性很强的课程。教材的编撰突出理论基础和操作基础相结合的特点，通过实践性教学环节，提高学生利用专业知识分析问题、解决问题的能力。尽可能让学生把所学的理论知识运用到实践操作和专业学习中，丰富和发展固有的知识，能顺利地获得高层次的知识、经验和技能。

全书内容深入浅出，通俗易懂，知识学习与实践操作紧密结合，有利于学生工作能力的培养。

本教材运用先进的教学理念，将内容分为钳工常识，划线，錾削，锯割，锉削，研磨，钻孔，扩孔，锪孔和铰孔，攻丝和套丝，矫正，弯曲和铆接，综合技能训练十一个项目。这十一个项目既可以根据各学校的条件有选择地学习，也可以有计划地系统学习。

由于编者水平有限，书中难免会有不足之处，恳请广大读者批评指正。

编　者

2024 年 4 月

# 目　录

# 项目一
# 钳工常识

本项目主要介绍了钳工的基本常识与核心实践技能，涵盖了钳工的常用设备、工作环境及文明生产规则的全面解析。通过精心设计的任务安排、课后习题练习以及实训现场的见习，特别是砂轮机操作的实习训练，旨在帮助学生系统掌握钳工的基本操作，为后续的专业技能提升打下坚实基础。

任务一　钳工的常用设备

钳工在工作场地内常用的设备有钳台、台虎钳、砂轮机、立式和台式钻床等。

## 一、钳台

钳台也称钳桌，有多种形式。图 1-1 所示是其中两种，钳台用来安装台虎钳，放置工具和工件的。钳台的高度一般为 800～900mm 或以台面上安装台虎钳后与人直立时的手肘齐高为宜，如图 1-2 所示，钳台上一般有几个抽屉存放工具，其长度和宽度则随工作需要而定。（注：本书中的尺寸单位为 mm，凡数字后未标单位的，均指 mm。）

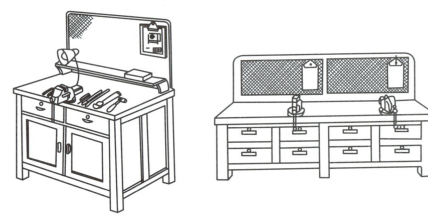

图 1-1　钳台

## 二、台虎钳

台虎钳是用来夹持工件的通用夹具，其规格以钳口的宽度表示，常用的有 100mm（约 4 英寸）、125mm（约 5 英寸）、150mm（约 6 英寸）等。

### 1. 台虎钳的结构和工作原理

台虎钳有固定式和回转式两种（图 1-3 所示）。两种台虎钳的主要结构和工作原理基本相同。固定式台虎钳钳口的大小可通过转动手柄调节。回转式台虎钳除钳口可以调节外，钳身还可以回转，能满足不同方位的加工需要，使用方便，应用较广。

下面主要对回转式台虎钳的结构和工作原理进行介绍。

回转式台虎钳的主体部分由固定钳身 4 和活动钳身 1 组成，

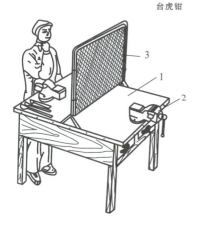

1-钳台　2-台虎钳　3-防护网
图 1-2　钳台及安装

用铸铁制造。活动钳身通过其导轨与固定钳身的导轨孔作滑动配合。丝杆 12 装在活动钳身上，可以旋转，但不能作轴向运动，它与安装在固定钳身内的螺母 5 配合，摇动手柄 11 使丝杆旋转，可带动活动钳身相对于固定钳身作进退移动，起夹紧或放松工件的作用。弹簧 10 靠挡圈 9 和销固定在丝杆

扫一扫
台虎钳

上，钳口经过热处理淬硬，具有较好的耐磨性；其工作面上制有交叉网纹，夹紧后不易产生滑动；当夹持工件进行精加工时，为避免夹伤工件表面，可用护口片（用紫铜片或铝片制成）盖在钢钳口上，再夹紧工件。固定钳身装在转盘座 8 上，能绕转盘座轴心线转动，当转到所需位置时，扳动手柄 6 使夹紧螺钉旋转，便可在夹紧盘 7 的作用下把固定钳身紧固。转盘座上有三个通孔，通过螺栓连接与钳台固定。

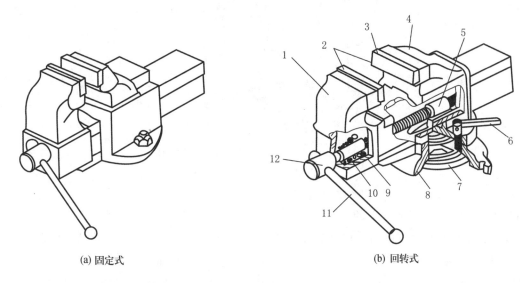

(a) 固定式          (b) 回转式

1-活动钳身　2-钳口　3-护口片　4-固定钳身　5-螺母　6、11-手柄；

7-夹紧盘　8-转盘座　9-挡圈　10-弹簧　12-丝杆

**图 1-3　台式钳**

### 2. 台虎钳的安装

台虎钳安装在钳台上时，必须使固定钳身的钳口工作面位于钳台边缘之外，以保证在夹持长条形工件时不受钳台边缘的阻碍。工作时，台虎钳要牢固地固定在钳台上，固定钳身的夹紧螺钉必须扳紧，保证钳身不摆动，以免损坏台虎钳和影响加工质量。

### 3. 台虎钳的正确使用和维护

（1）夹紧工件时只允许用手的力量扳紧丝杆手柄，不能用手锤敲击手柄或套上管子加长手柄施力，以免丝杆、螺母或钳身因受到过大的力而损坏。

（2）进行强力作业时，应确保施力方向朝向固定钳身，否则丝杆和螺母会因受到较大的力而损坏。

（3）不要在活动钳身的光滑平面上进行敲击，以免降低活动钳身与固定钳身间的配合。

（4）丝杆、螺母和其他活动表面，应经常加润滑油，并注意保持清洁，以延长使用寿命。

## 三、砂轮机

砂轮机主要用来磨削钳工用的各种刀具或工具，如錾子、钻头、刮刀、样冲、划针等。砂轮机（图 1-4 所示）主要由砂轮 1、电动机 5、砂轮机座 3、托架 2 和防护罩 4 组成。

砂轮质地硬而脆，工作时转速高（线速度为 35m/s），如使用不当会发生砂轮碎裂造成人身事故。因此，安装砂轮时一定要将砂轮夹紧，使之平衡；装好后必须先试运转 3～4min，转动平稳，无振动现象时，方可使用。

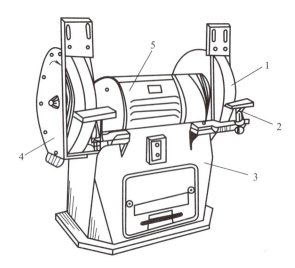

1-砂轮　2-托架　3-砂轮机座　4-防护罩　5-电动机

图 1-4　砂轮机

砂轮机的使用要严格遵守以下的安全操作规程：

（1）砂轮机的旋转方向应正确（按砂轮防护罩上箭头所示），使磨屑向下方飞离砂轮。

（2）砂轮启动后应观察运转情况，待砂轮运行平稳后再进行磨削。

（3）磨削时操作者应站在砂轮的侧面或斜侧位置，不要站在砂轮的正对面，这样可防止砂粒飞入眼内或万一砂轮碎裂飞出伤人。磨削时要戴防护眼镜。

（4）磨削时不要对砂轮施加过大的压力，不允许几个操作者同时在一个砂轮上磨削几个磨削件，以免磨削件打滑伤人，或因发生剧烈撞击引起砂轮碎裂。

（5）当砂轮外圆跳动严重时，应及时用砂轮修整器（如金刚石笔）修整。

（6）砂轮机的托架与砂轮之间的距离一般应保持在 3mm 以内，否则磨削件易被轧入，甚至造成砂轮破裂飞出的事故。

## 四、钻床

钻床是用来对工件进行孔加工的设备。钳工常用的钻床有台式钻床、立式钻床及摇臂钻床。其结构、使用方法和保养见本书后面章节。

（1）台式钻床。是一种小型钻床，最大钻孔直径有 $\phi$13、$\phi$16、$\phi$20 三种规格。这种钻床有较大的灵活性，能适应各种情况的钻孔需要。

（2）立式钻床。用来钻中小型孔，其钻孔直径有 $\phi$25、$\phi$35、$\phi$40、$\phi$50 等几种规格。它的结构较完善，功率较大，又可实现机动进给，因此可获得较高的生产效率和加工精度。另外，它的主轴转速和机动进给量都有较大的变动范围，可以适应各种材料的钻孔、扩孔、铰孔及攻螺纹等加工。

（3）摇臂钻床。用于大工件及多孔工件的钻孔。其主轴箱可沿摇臂横向调整位置，摇臂能回转 360°。因此，摇臂钻床的工作范围很大。除了用于钻孔，还能扩孔、锪平面、锪孔、铰孔、镗孔、套切大圆孔和攻螺纹等。

## 任务二 工作环境及文明生产规则

### 一、工作环境

钳工的工作环境好坏将直接影响钳工的操作质量和效率。为了提高劳动生产率和产品质量，保证安全、文明生产，应合理安排好钳工的工作场地。

（1）主要设备的布局要合理、适当。钳台要放在光线适宜、工作方便的地方；面对面使用的钳台在中间要装防护网；钻床、砂轮机一般应放在工作场地的边沿，尤其是砂轮机，一定要安装在安全地带，以免出现砂轮碎裂飞出伤人的情况。

（2）毛坯和工件要摆放整齐，尽量放在搁架上，以便于工作。

（3）合理、整齐存放工、量具，取用方便。常用的工、量具要放在工作位置附近，用毕要及时维护与收藏。精密工、量具要轻拿轻放，使用前要检验它的精确度，并作定期校正检修。

（4）工作场地应保持整洁。工作完毕，所用过的设备和工具都要按要求进行清理或维护，并放回原来的位置。工作场地要清扫干净，铁屑、铁块、垃圾等要及时送往指定地点。

### 二、安全文明生产规则

（1）工作时必须穿戴好防护用品。加工切屑粉末飞散的工件时，必须戴好防护镜，工位前面应安装防护装置。

（2）手锤头与手柄结合必须牢固可靠，禁止用手锤直接敲击淬火的高硬度物体。锉刀、刮刀等工具必须有牢固的手柄。

（3）使用砂轮机时，要遵守砂轮机安全操作规程。非操作者不准站在砂轮的正对面。用后要切断电源。

（4）使用钻床时，严禁戴手套操作。使用手电钻等电动工具要注意，当电压大于 36V 时，工具必须有地接地或接零装置，操作时必须戴好绝缘防护用品。

（5）清除切屑要用刷子，不能直接用手或棉纱清除，也不准用嘴吹。

（6）两人或以上进行操作时，需指定一人作指挥，负责安全，互相协同，行动一致，不准开玩笑。

（7）工作场地应保持整齐、清洁，工具、工件合理摆放。

### 习 题

1. 怎样正确使用台虎钳？
2. 使用砂轮机时应注意哪些事项？
3. 如何合理安排钳工工作环境？
4. 如何做到安全文明生产？

## 实 训 现场见习和砂轮机操作实习训练

### 一、现场见习

（1）见习钳工的工作环境。

（2）见习钳工常用的设备和工、夹、量、刃具。

（3）见习钳工的工作内容。

（4）了解钳工安全文明生产规则。

### 二、砂轮机操作

（1）选择砂轮。

（2）检查砂轮质量。

（3）拆、装砂轮。

（4）检查砂轮的运转。

（5）修整砂轮。

（6）在砂轮机上磨削平面和圆弧面。

# 项目二
# 划　线

　　本项目主要介绍了划线技术的应用。从划线的用途与种类，到划线工具及其使用方法，再到基础的划线步骤与要求，内容翔实。无论是平面划线还是立体划线，都经过精心编排。本项目还设计了多个实训环节，如几何作图、样板划线、凸轮划线及台虎钳螺母划线训练等，旨在通过实践操作，进一步巩固理论知识，提升解决实际问题的能力。

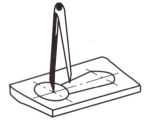

任务一 划线的用途和种类

## 一、划线的用途

（1）通过划线可以确定工件加工表面的加工位置和加工余量。

（2）能及时发现不合格的毛坯，以免使用了不合格毛坯。

（3）当毛坯误差不大时，通过借料划线得到补救，使之在加工后仍能符合要求，从而提高毛坯的合格率。

（4）在机床上装夹复杂工件时，可以按划线找正定位。

## 二、划线的种类

划线分平面划线和立体划线两种。只需在工件的一个平面划线即可明确表示加工界线的划线称为平面划线，如图 2-1 所示。在板料、条料上划线，在法兰盘端面上划钻孔位置线等，都属于平面划线。

需要在工件几个互成角度（通常是互相垂直）的表面上都划线，才能明确表示加工界线的划线，称为立体划线，如图 2-2 所示。在轴承座的正面、水平面、侧面上划出加工界线，或在箱体、支架、阀体等类工件上划各表面的加工界线都属于立体划线。

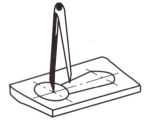
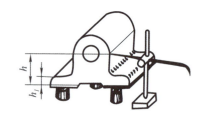

图 2-1　平面划线　　　　　　　　　图 2-2　立体划线

划线是加工的依据，要符合图样要求，保证尺寸准确，线条清晰，粗细均匀。由于划出的线条有一定的宽度，加上划线工具及测量尺寸难免有误差，所以划线不可能很精确，其精度一般为 0.25～0.5mm，因此，加工时不能只依靠划线确定加工的最后尺寸，应按加工图纸的技术要求，通过测量来保证加工尺寸的准确。

扫一扫

任务二 划线工具及其使用方法

常用的划线工具

熟悉并能正确使用划线工具，是做好划线工作的前提，是使工件达到精度和提高效率的保证。

## 一、划线平台

如图 2-3 所示的划线平台，它由铸铁制成，其工作表面经过精刨或刮削等精加工，是划线的基准面。划线平台一般放置在木架上，用来安放工件和划线工具。

划线平台的正确使用及保养方法如下：

（1）划线平台的安装。应使划线平台工作表面保持水平位置；平台表面应保持清洁，以免切屑、灰砂等物在工件或划线工具的拖动下划伤平台表面。

（2）防止平台表面撞伤。工具和工件在平台上要轻拿轻放，更不可在平台上敲击。

（3）要均匀使用平台工作面，以免局部磨损。

（4）平台使用后要擦拭干净，并涂上机油，以防生锈。

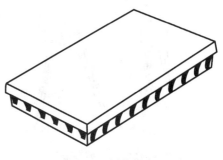

图 2-3　划线平台

## 二、划针

划针是用来在工件上划出线条的工具，如图 2-4（a）所示，它用弹簧钢丝或高速钢制成。划针的直径为 3～5mm，长约 150～300mm，端部磨成 10°～20°的尖角并淬硬。有的划针在端部焊有硬质合金，使针尖长期保持锋利。

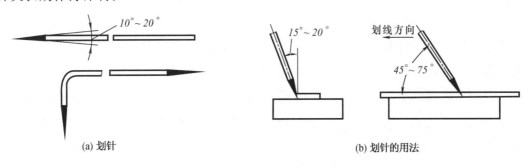

(a) 划针

(b) 划针的用法

图 2-4　划针及划针的用法

划针常需和直尺、角尺或样板等导向工具配合使用。使用方法和注意事项如下：

（1）划线时一手压紧导向工具，另一手将划针的针尖靠紧导向工具的边缘，避免导向工具滑动而影响划线的准确性。

（2）划针的握法与用铅笔画线相似，划线时将划针向外倾斜 15°～20°，向划线方向倾斜 45°～75°，如图 2-4（b）所示。

（3）用划针划线要尽量做到一次划成，用力均衡，保持线条粗细均匀、清晰。

## 三、划规

划规是用中碳钢或工具钢制成，两脚尖端经淬硬并磨锋利。有的划规在两脚端部焊上一段硬质合金，则耐磨性更好。划规一般用来划圆（或圆弧）、等分线段以及量取尺寸等。

常用的划规有普通划规、扇形划规、弹簧划规及长划规，如图 2-5 所示。其中普通划规结构简单，制造方便，应用广泛。这种划规要求两脚铆合处的松紧要恰当，太松尺寸容易变动，太紧则调节尺寸费劲；扇形划规因有锁紧装置，两脚间的尺寸较稳定，结构也简单，常用于毛坯表面的划线；弹簧划规易于调整尺寸，但用来划线的一脚易滑动，因此只限于半成品表面上的划线；长划规通过调节两个划脚位置可划大尺寸圆（或圆弧）。

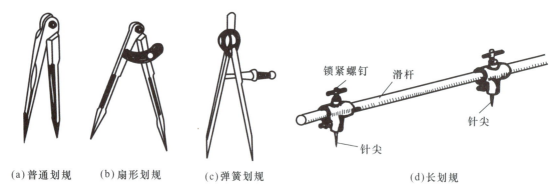

(a)普通划规　　　(b)扇形划规　　　(c)弹簧划规　　　　　　(d)长划规

图 2-5　划规

划规的脚尖要经常保持锋利，以保证划出的线条清晰。使用划规划圆时要注意以下事项：

（1）除长划规外，其他划规在使用前应使两划脚长短一样，两脚脚尖能合并，以便划出小尺寸圆弧。

（2）划圆弧时，应将力的重心放在作为圆心的一脚，另一脚则以较轻的压力在工作表面上划出圆弧，这样可使中心不滑移。

（3）划规两脚尖应在所划圆周的同一平面上。如果中心高于圆周平面，则尺寸应做些调整。如图 2-6 所示，若所划圆半径为 $r$，划规两脚尖高度差为 $h$，则划规两脚尖的距离 $R=\sqrt{r^2+h^2}$。当 $h$ 较大时，划规定心脚尖不能准确定位在样冲眼中心，致使划出的圆仍不够准确，此时应仔细核对尺寸，直到划准为止。

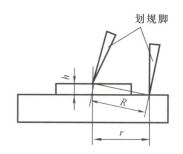

图 2-6　用划规在中心与圆周
有高度差的表面上划圆

## 四、划针盘

划针盘是划线或找正工件位置的工具，如图 2-7 所示。划针盘由底座、立柱、划针和夹紧螺母组成。划针的直头端用来划线，弯头端常用来找正工件的位置，通过夹紧螺母可以调整划针的高度。

划线时，划针应处于水平位置，划针伸出部分应尽量短些，这样刚性较好，不易抖动。划针的夹紧要稳定，避免在划线时尺寸有变动。划针与工件的划线表面之间沿着划线方向倾斜 60°左右，这样可减少划线阻力和防止针尖扎入工件表面。在划线过程中拖动底座时，应使底座始终紧贴平台移动，不要发生摇晃和跳动现象。划针盘使用完毕，应使其处于直立状态，并使直头端向下，以保证安全和减少所占空间。

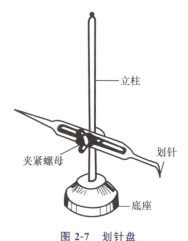

图 2-7　划针盘

## 五、钢直尺

钢直尺是简单的量具和划直线的导向工具。尺面上有尺寸刻线，刻线距一般是 1mm，最小刻线距是 0.5mm。它的长度规格有 150、300、1 000 等，其用法如图 2-8 所示。

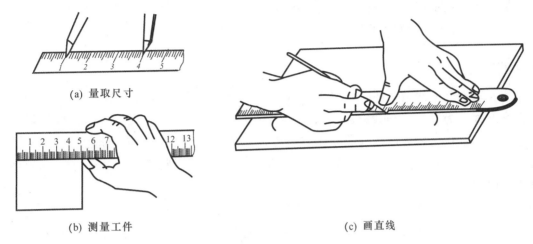

(a) 量取尺寸

(b) 测量工件

(c) 画直线

图 2-8　钢直尺的使用

## 六、高度游标尺

高度游标尺（如图 2-9 所示）是精密量具及划线工具，可用来测量工件的高度，又可用量爪直接划线。其读数精度一般为 0.02mm，划线精度可达 0.1mm。高度游标尺一般用于半成品的划线，若在毛坯面上进行划线，量爪易磨损而影响划线精确度。

划线前，先校验"0"位。划线时，把工件和高度游标尺一起放在划线平台上，用高度游标尺对好所需尺寸，拧紧高度游标尺的紧固螺钉，然后沿着平台水平面匀速移动高度游标尺就能划出所需的线。

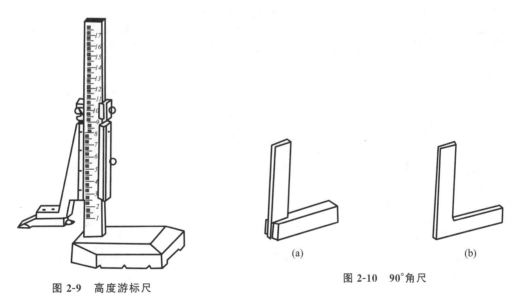

图 2-9　高度游标尺

(a)　　　　　(b)

图 2-10　90°角尺

## 七、90°角尺

90°角尺（如图 2-10 所示）是钳工常用的测量工具，划线时可作为划垂直线或平行线的导向工具，也可以用来找正工件在划线平台上的垂直位置，还可用于检查两垂直面的垂直度或单个平面的平面度。

90°角尺一般用中碳钢制成，热处理后有一定硬度。经过精加工使基准面具有较高的形状、位置精度及较低值的表面粗糙度（本书中的表面粗糙度单位为 μm，凡数字后未标单位的，均指 μm），并使两条直边之间有较准确的 90°夹角。

## 八、样冲

样冲用于在已划好的线条上冲眼，如图 2-11（a）所示。工件划线后，在搬运、装夹或加工过程中，线条会被磨损，为了保持划线标记，通常要在已划好的线上冲眼。在使用划规划圆弧时，也同样要在圆心上冲眼，作为划规定心脚的立脚点。样冲用工具钢制成，经热处理淬硬，也可以用废旧丝锥或铰刀改制而成。样冲的尖角一般磨成 45°～60°，用于划线做标记时取 45°，尖端磨锋利些；用于钻孔定中心时取 60°，尖端磨钝些。

使用样冲的方法如图 2-11（b）所示：

（1）冲眼时，要使样冲对准线条的正中，不能偏离原来所划的线条，如图 2-11（c）所示。

（2）样冲眼的间距一般在直线段上可以大些，在曲线段上可以小些，在线段的交叉或转折处必须有冲眼。

（3）冲眼时，敲打力均匀、适当，就能形成深浅适当的样冲眼。薄壁零件上的样冲眼要浅些，应轻敲，以防变形。光滑表面上的样冲眼要浅些甚至不冲眼，而粗糙表面要冲得深些。钻孔中心的冲眼要深些。

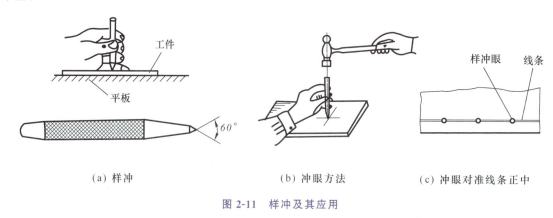

（a）样冲　　　　　　　　　　（b）冲眼方法　　　　　　　　　（c）冲眼对准线条正中

**图 2-11　样冲及其应用**

## 九、各种支持工件的工具

### 1. 垫铁

垫铁有平垫铁和斜垫铁两种。平垫铁如图 2-12（a）所示，每副有两到三块，它的高度和宽度规格不同，主要用来垫平、升高和支持工件。斜垫铁如图 2-12（b）所示，用来支持和垫高毛坯工件，能对工件的高度做少量调节。

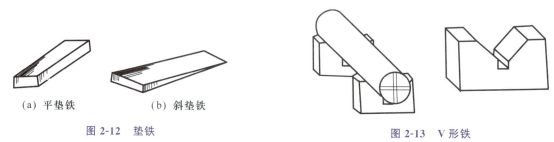

（a）平垫铁　　　　　　　（b）斜垫铁

**图 2-12　垫铁**　　　　　　　　　　　　　　　　**图 2-13　V 形铁**

**2. V 形铁**

V 形铁（如图 2-13 所示）主要用来安放圆形工件，以便于用划线工具划出工件中心线或找出工件的中心等。V 形铁是用铸铁或碳钢制成，一般加工成 90°或 120°角，有较好的对中性。

圆柱形工件放在 V 形槽内，它的轴线与划线平台平行。在安放较长的圆柱形工件时，需要用两个等高的 V 形铁，以保证划线的准确性。

**3. 角铁**

角铁（如图 2-14 所示）是用来支持划线工件的，一般常与压板或 C 形夹头配合使用。角铁用铸铁制成，经过精加工，相邻两个平面之间的垂直精度很高，平面上有腰形孔以便装夹。

划线时，用角尺对工件的垂直度进行找正后，即可使所划线条与找正的直线或平面保持垂直。

**4. 方箱**

方箱（如图 2-15 所示）是用来支持划线工件的，用夹紧装置把工件夹牢在方箱上。方箱是用铸铁制成的空心立方体或长方体，方箱的相邻平面互相垂直，相对平面互相平行，上部有 V 形槽和夹紧装置。

方箱上的 V 形槽用来安放圆形工件，用夹紧装置固定，划线时翻转方箱，可把工件上互相垂直的线在一次安装中全部划出。

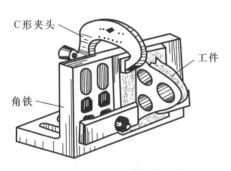

图 2-14  角铁及其应用

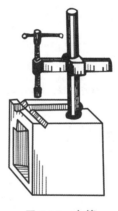

图 2-15  方箱

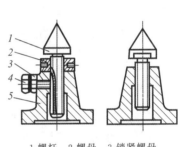

1-螺杆  2-螺母  3-锁紧螺母
4-螺钉  5-底座

图 2-16  千斤顶

**5. 千斤顶**

千斤顶（如图 2-16 所示）是用来支持毛坯或形状不规则的工件以便进行立体划线的工具。它可调整工件的高度，以便安装不同形状的工件。

常用的螺旋千斤顶，旋转螺母能调节螺杆的高度，锁紧螺母能固定螺杆的位置。千斤顶的顶端一般做成带球顶的锥形，若要支撑柱形工件或较重工件，可将顶部制成 V 形。

使用千斤顶支持工件时，为使支撑稳定可靠，需注意以下几点：

（1）使用前，千斤顶底部要擦净，工件要放置平稳，工件的支撑点要选择在工件不容易滑动的部位。

（2）一般工件用三个千斤顶支撑，三个千斤顶的支撑点要尽量远离工件的重心。一般在工件较重的部位放两个千斤顶，较轻的部位放一个千斤顶。调节螺杆时，要防止千斤顶移动，以防工件滑落。

（3）为防止工件滑落，可以采取一些必要的安全措施，如在工件上方吊住或在工件下面加垫铁等。

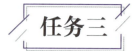

## 任务三　划线的基本步骤和要求

在划线前先要看清图样，做好划线的准备工作，掌握基本线条的划法，确定正确的划线基准，才能按步骤准确、快捷地完成划线过程。

### 一、划线前的准备

#### 1. 工件的清理

划线之前，先清理毛坯件上的氧化皮、飞边、残留的泥沙、污物等，以及已加工工件上的毛刺、铁屑等，否则将影响划线的准确度和线条的清晰度，甚至损伤划线工具。

#### 2. 工件的涂色

为了使划出的线条清晰，一般都要在工件的划线部位涂上一层与工件表面颜色不同的涂料，使划出的线条更清晰。常用的涂料有以下两种：

（1）石灰水。石灰水适用于铸件、锻件毛坯表面的划线前的涂抹。在石灰水中再加入一些牛皮胶，增加附着力，效果更好。

（2）蓝油。蓝油适用于已加工表面的划线前的涂抹。用2％～4％的龙胆紫、3％～5％的虫胶漆和91％～95％的酒精配制而成。

无论使用哪一种涂料，都要尽可能涂得薄而均匀，这样才能保证划线清晰。

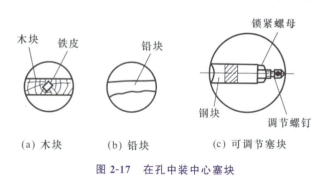

图2-17　在孔中装中心塞块

#### 3. 在工件孔中装中心塞块

在有孔的工件上划圆时，为找圆心，一般先在孔中安装一个塞块，然后在塞块上确定圆心，如图2-17所示。

对于直径不大的孔，通常塞入铅块，直径较大的孔可用木塞块或可调节塞块塞入。塞块敲入孔后，注意要紧实，防止松动，以免划线位置发生变动。

### 二、基本线条的划法

#### 1. 平行线的划法

（1）用钢直尺或钢直尺与划规配合划平行线。划已知直线的平行线时，用钢直尺或划规在直线的同侧不同位置按同一距离或半径划出一短线或圆弧，将划出的短线用直尺连接起来或作弧线的公切线，即得已知直线的平行线，如图2-18所示。

（2）用90°角尺或用钢直尺与90°角尺配合划平行线。推移90°角尺划平行线时，角尺要紧靠工件的基准面（边），沿着钢尺度量的方向移动角尺，即可划出平行线如图2-19所示。用90°角尺与直尺配合划平行线时，为防止钢直尺松动，常用夹头夹住钢直尺。当钢直尺与工件表面能较好地贴合时，也可不用夹头。

(a) 用钢直尺划平行线　　　(b) 用划规与钢直尺
配合划平行线

图 2-18　划平行线　　　　　图 2-19　用钢直尺与 90°角尺配合划平行线

（3）用划针盘或高度游标尺划平行线（如图 2-20、图 2-21 所示）。若工件可垂直放在划线平台上（对于较薄的工件要紧靠方箱或角铁的侧面），可用划针盘或高度游标尺度量尺寸后，沿平台移动，划出平行线。

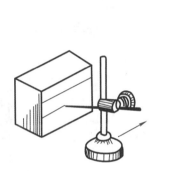

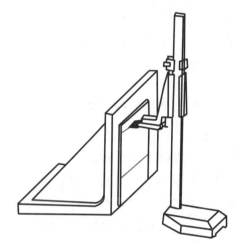

图 2-20　用划针盘划平行线　　　　图 2-21　用高度游标尺划平行线

**2. 垂直线的划法**

（1）用几何作图法划垂直线。

（2）用 90°角尺划垂直线。如图 2-22 所示，用 90°角尺的一边紧靠已加工平面或已知直线边，沿 90°角尺的另一条边即可划出与已加工平面或已知直线边的垂直线。

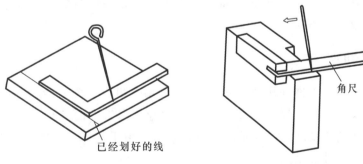

已经划好的线　　　　　　　　　　　　角尺

(a) 用扁平角尺划线　　　　　　　(b) 用宽座直角尺划线

图 2-22　用 90°角尺划垂直线

（3）用划针盘或高度游标尺在平板上划垂直线。先将工件上的已知直线调整到与划线平台工作面垂直的位置，再用划针盘或高度游标尺在平台上滑动，划出已知直线的垂直线。

### 3. 圆弧线划法

划圆弧前要先找出圆弧中心，然后在中心上打样冲眼，再用划规按一定半径划出圆弧。求圆心的方法有以下三种：

（1）用单脚规求圆心。先将单脚规两脚尖的距离调到大于或等于圆的半径（如图 2-23 所示），然后分别以工件边缘上的四点为圆心，在工件圆心附近划一小段圆弧，在四段弧的包围圈内目测确定圆心位置。

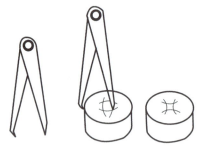

图 2-23　用单脚规求圆心

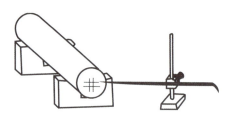

图 2-24　用划线盘求圆心

（2）用划针盘求圆心。将工件放在 V 形铁上（如图 2-24 所示），将划针尖调到略高或略低于工件圆心的高度。左手按住工件，右手移动划针盘，使划针在工件端面上划出一短线，依次转动工件，每旋转 1/4 周就划一短线，最后在"♯"形线内目测定出圆心位置。

（3）用高度游标尺求圆心。把轴类工件放在两块等高的 V 形铁上（如图 2-25 所示），把游标尺的量爪调整到轴类工件顶端测量出高度值，然后减去轴的半径，划出一条直线，再将轴类工件任意转动角度两次，划出两条直线，三条直线的中间位置或交点就是所求圆心。

掌握了以上线条的基本划法后，结合几何作图知识，可以使用划线工具划出各种平面图形，如划圆弧的内接、外切正多边形以及圆弧连接等。

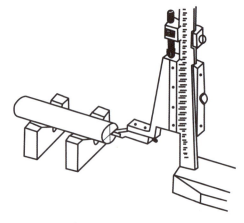

图 2-25　用高度游标尺与 V 形铁配合求圆心

## 三、划线基准的确定

划线基准指在划线时确定工件各几何要素间的尺寸大小和位置关系所依据的点、线、面。在设计图样时确定的基准为设计基准。划线基准的确定要综合考虑工件的整个加工过程及各工序所使用的检测手段，应尽可能使划线基准与设计基准一致，以减少由于基准不一致所产生的积累误差。

划线基准一般有以下三种类型：

（1）以两个相互垂直的平面或直线为基准。如图 2-26（a）所示，该零件有相互垂直的两个方向的尺寸，每个方向的尺寸都是依据外平面为基准来确定的，此时就可以把这两个平面分别作为两个方向的基准。

（2）以一个平面或直线和一个对称平面或中心线为基准。如图 2-26（b）所示，该零件的高度方向的尺寸是以底面为依据确定的，底面就是高度方向的划线基准。而宽度方向的尺寸以中心线对称，所以中心线是宽度方向的划线基准。

（3）以两个互相垂直的中心平面或直线为基准。如图 2-26（c）所示，该零件两个方向的尺寸均与其中心线有对称性，并且其他尺寸也从中心线为起始标注的，此时，就可以确定这两条中心线为这两个方向的划线基准。

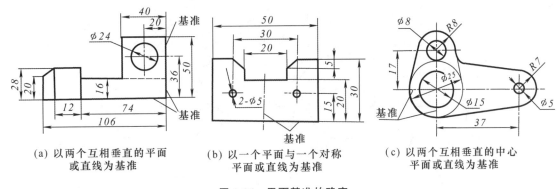

（a）以两个互相垂直的平面或直线为基准　（b）以一个平面与一个对称平面或直线为基准　（c）以两个互相垂直的中心平面或直线为基准

图 2-26　平面基准的确定

## 四、划线的基本步骤

（1）看清图样，详细了解工件上需要划线的部位；明确工件及其划线部分在机械上的作用和要求；了解有关的加工工艺及各工序的检测手段。

（2）初步检查毛坯的误差情况，检查工件的形状和尺寸是否符合图样的要求，清理工件并涂色。

（3）根据工件的形状及尺寸标注情况，确定合适的划线基准。平面划线时，一般要划出两条互相垂直的直线作划线基准，而立体划线一般要划出三条互相垂直的直线作划线基准。当工件上有已加工面时，应该以已加工面为划线基准。若毛坯上没有已加工面，首次划线应选择最主要的（或大的）不加工面为划线粗基准，但该基准只能使用一次，在下一工序划线时必须用已加工面作划线基准。

（4）正确安放工件和选用工具。根据工件的形状及尺寸大小情况以及划线部位等，将工件放置于利于划线的位置。选好所用工具并摆放整齐。

（5）划线。一个工件有很多线条要划出，究竟从哪一根线开始，常要遵守从基准开始的原则，要使划线基准与设计基准重合，否则会使划线误差增大，尺寸换算麻烦，有时甚至使划线难以进行下去。

（6）详细检查划线的正确性以及是否有漏划。

（7）在线条上冲眼做标记。样冲眼的深浅要均匀、适当，排列要整齐，排列距离视线条的长短而定。

至此，完成整个划线过程。

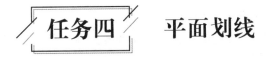

任务四　平面划线

只需在工件的一个平面上划线，便能明确表示出加工界线的划线，称为平面划线。图 2-27 所示是一件划线样板，要求在板料上将全部线条划出。

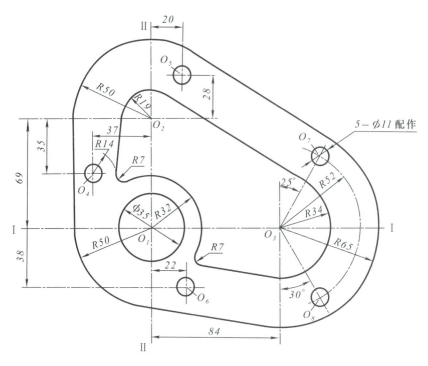

图 2-27　划线样板

首先分析图样，确定以 $\phi35$ 孔的两条互相垂直的中心线作为长和宽方向的划线基准。然后把板料清理、矫平、涂色后开始划线。

具体划线步骤如下：

（1）确定 $\phi35$ 的圆孔中心 $O_1$ 和 $R65$ 的圆心 $O_3$ 位置。

（2）连接 $O_1O_3$ 得基准线 I－I。过点 $O_1$ 划与 I－I 垂直的直线得另一基准线 II－II。

（3）划尺寸 69 的水平线，得圆心 $O_2$。

（4）以 $O_1$ 为圆心，$R32$ 和 $R50$ 为半径划弧。以 $O_2$ 为圆心，以 $R19$ 和 $R50$ 为半径划弧。以 $O_3$ 为圆心，以 $R34$、$R52$ 和 $R65$ 为半径划弧。

（5）作外形圆弧的公切线，并作与外形圆弧公切线平行的内形圆弧切线。

（6）划出尺寸为 35、38 和 28 的水平线。

（7）划出尺寸为 37、20 和 22 的竖直线，得圆心 $O_4$、$O_5$ 和 $O_6$。

（8）以 $O_4$ 为圆心，$R14$ 为半径划圆弧，再作 $R14$ 圆弧与 $R19$ 圆弧的公切线。

（9）按照连接圆弧的画法，求出两处 $R7$ 弧的圆心，并划出两处 $R7$ 圆弧，分别与 $R32$ 圆弧及其切线相切。

（10）通过圆心 $O_3$ 点分别划出 25° 和 30° 角度线，再作 $R52$ 圆弧，该圆弧与角度线相交得圆心 $O_7$ 和 $O_8$。

（11）划出 $\phi35$ 和 5 个 $\phi11$ 圆孔的圆周线。

至此，全部线条划完。按图样检查有无漏线、错线。在划线过程中，找出圆心后一定要打上样冲眼，以便使用划规划圆或圆弧。在确定所划线条正确后，应在线条交点及图形线条上按一定间隔打样冲眼，以保证加工界限清楚可靠。

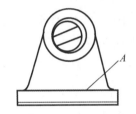
图 2-28　毛坯划线时的找正

## 任务五　立体划线

在工件互成不同角度（通常是互相垂直，且是长、宽、高三个方向互相垂直）的表面上划线，才能明确表示出加工界线的划线方法，称为立体划线。

立体划线类似于平面划线，但要比平面划线复杂。在立体划线时，要求对划线零件的加工工艺有充分的了解，了解零件加工部位及其尺寸之间的技术要求，能及时发现和纠正工件局部存在的缺陷，以便采取措施，减少生产中的损失。

一个工件的立体划线，往往因工序间的需要而重复多次。第一次划线，称为首次划线，以后进行的各次划线，称为二次划线、三次划线。

### 一、找正和借料

一般情况下，立体划线都是在铸、锻毛坯件上进行，由于毛坯生产过程中的各种原因，毛坯件常有形状歪斜、偏心、壁厚不均匀等缺陷，当误差不大时，可以通过划线找正和借料的方法来弥补。

#### 1. 找正

找正就是用划针盘、90°角尺等划线工具，通过调节支撑工具，使工件的有关表面处于合适的位置，将此表面作为划线的依据。如图 2-28 所示的轴承座，由于底板的厚度不均，不能作为高度方向的划线基准，底板上表面 A 为不加工面，可以 A 面为基准，划出底面的加工线，从而使底板的上下两面基本保持平行。

找正的要求和方法如下：

（1）当毛坯上有不加工表面时，应按不加工表面找正后再划线，使待加工表面与不加工表面各处尺寸均匀。

（2）当工件上若有几个不加工表面时，应选较大的或重要的不加工表面作为找正的依据，使误差集中到次要的或不显眼的部位。

（3）若没有不加工表面时，可以将待加工的孔毛坯和凸台外形作为找正依据。

#### 2. 借料

当工件毛坯存在尺寸和形状误差或缺陷，某些待加工面的加工余量不足，用找正的方法不能补救时，可通过试划和调整，重新分配各个待加工表面的加工余量，使各个待加工面都能顺利被加工，这种补救性的划线方法称为借料。

对于需借料的工件，要先认真测量好它的各部位尺寸和偏移量，判断能否借料。若能借料，再确定借料的方向和大小，然后从基准开始逐一划线。借料划线可能一次成功，也可能经过多次试划才能成功，在这一过程中要充分利用毛坯本身的有利因素。

如图 2-29 所示，零件的毛坯孔φ40 向右、向下各偏移了 6。因孔的偏心太大，如果以此设计基准

（R60 的中心）为划线基准，则待加工孔的加工余量仅剩下 1.5；如果以毛坯孔φ40 为基准划线，则底面无法加工。这时可以通过借料划线将待加工孔中心降低 2，使孔的加工余量增加为 3，而底面的加工余量可达 4。这样既保证了零件的对称性，又可使各加工面得到合适的加工余量，零件可以按图加工。

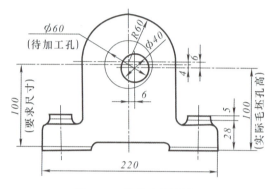

图 2-29　铸件孔的借料

## 二、立体划线

### 1. 分析图样

以图 2-30 的轴承座为例，通过看图样，可知此轴承座需要加工的部位有下底面、轴承座内孔、两个螺栓孔及其上平面和两个大端面。这些加工部位的线条都需划出，需要划线的尺寸共有三个方向，所以工件要经过三次安放才能完成划线工作。

### 2. 确定划线基准

根据图样分析，轴承座内孔加工后与外廓有外观质量要求，底平面与孔中心线距离有尺寸要求，因此划线的基准应选定为轴承座内孔的中心平面Ⅰ－Ⅰ和Ⅱ－Ⅱ，以及两个螺栓孔的中心平面Ⅲ－Ⅲ（如图 2-31、图 2-32、图 2-33 所示）。

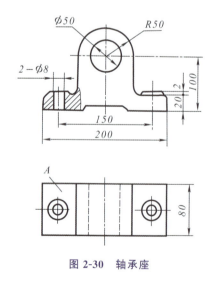

图 2-30　轴承座

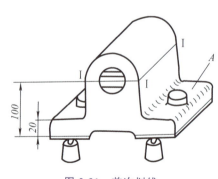

图 2-31　首次划线

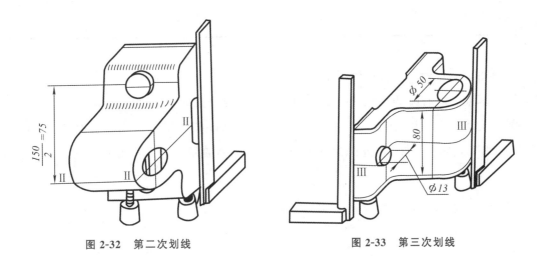

图 2-32　第二次划线　　　　　　　　　图 2-33　第三次划线

**3. 工件的安放**

用三个千斤顶支撑轴承座的底面，调整千斤顶的高度，初步使轴承座孔的两端中心在同一高度。因为平面 $A$ 是不加工面，要使底板的厚度（20）均匀，所以尽量使平面 $A$ 处于水平位置，使用划针盘来找正 $A$ 平面。当孔的两端中心要保持同一高度，与 $A$ 面保持水平位置发生矛盾时，就要兼顾这两个方面进行安放。由于轴承内孔壁厚和底板厚度都比较重要，所以安放时要考虑将毛坯的误差适当分配在这两个部位。必要时通过借料对原轴承座内孔的中心重新调整，直至安放适当。

**4. 划线**

（1）第一次划线。划线时，先用划针试划底面加工线，如果底座板厚度均匀且符合尺寸需要，即可继续划线。如果发现四周加工余量不够，则要用借料方法把中心适当调整。确定不需要再变动时，就可划出基准线Ⅰ—Ⅰ和底面加工线（如图 2-31 所示）。划这两条线时，工件四周也要划到，以备在其他方向划线时或在机床上加工时找正位置用。至于两个螺栓孔的上平面加工线可以不划，只要有一定的加工余量就可以了。

（2）第二次划线。第二次应划基准线Ⅱ—Ⅱ和两螺栓孔的中心线（如图 2-32 所示），这两个方向的位置已由已划基准线Ⅰ—Ⅰ和已划的底面加工线确定。用千斤顶将工件按图示位置支撑，通过千斤顶的调整和划针盘的找正，使轴承座内孔两端的中心处于同一高度，同时用 90° 角尺将已划出的底面加工线找正到垂直位置。这样，工件第二次安放正确。接着就可划出基准线Ⅱ—Ⅱ和两螺栓孔的中心线。

（3）第三次划线。最后划出两个大端面的加工线（如图 2-33 所示）。将工件翻转到图示位置，用千斤顶支撑工件。调整千斤顶及用角尺找正，分别使底面加工线和Ⅱ—Ⅱ中心线处于垂直位置。这样，工件的第三次安放位置就确定了。接着以两螺钉孔中心为依据，试划两大端面的加工线。如两面的加工余量偏差太大或其中一面的加工余量不足时，可适当调整螺钉孔的中心并允许适当借料。至此可划出Ⅲ—Ⅲ基准线及两个大端面的加工线。

（4）按图 2-30 所示尺寸，划出轴承座内孔和两个螺栓孔的圆周线。

（5）检查。将已划好的全部线条，对照图纸校核检查正确无误、无遗漏线条后，在所划线条上打样冲眼，至此轴承座的划线工作全部完成。

■ 习 题

1. 什么叫划线？划线有何作用？

2. 划线分哪两种？它们之间有什么区别？

3. 平面划线基准一般有哪几类？平面划线和立体划线时分别要选几个划线基准？

4. 有一圆环毛坯，其外径为$\phi$69，内孔为$\phi$25，由于锻造缺陷使得内、外圆心偏移了5mm。图样要求内、外圆都加工，内孔为$\phi$32，外圆为$\phi$62，用1：1画图表示加工界线和借料方向，并计算借料大小。

# 实训一　划线的基本操作——几何作图训练

在板料上分别用划线工具划出如图 X2-1 所示尺寸的图形。

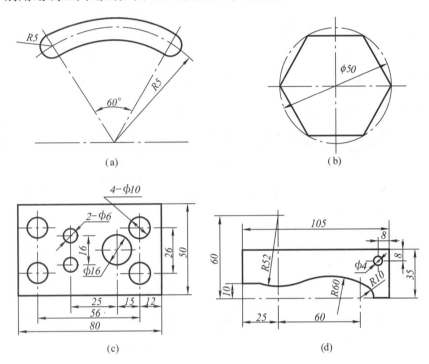

图 X2-1　几何作图

## 一、训练要求

（1）了解划线的作用。

（2）能正确使用划线工具。

（3）能掌握线条的划线方法。

（4）能掌握打样冲眼、定圆心的方法。

（5）划线尺寸误差为±0.25mm。

## 二、使用的量具和辅助工具

钢尺、划针、划规、样冲、手锤等。

## 三、操作过程

（1）检查毛坯（钢板）外形尺寸是否合格，经检查无误后，正确安放工件。

（2）按照图样采用的划线基准及最大轮廓尺寸，在工件上安排好划线基准。

（3）在工件待划线表面上均匀地刷上蓝油，待蓝油晾干后，再进行划线。

（4）根据已选好的划线基准，用几何作图法依次划线。

（5）划线完毕，按要求的尺寸对所划图形校对无误后，在按要求线条上打样冲眼。

## 四、安全及注意事项

（1）划线前要对工件去除毛刺，防止刺伤手指，清理污垢。

（2）用划规划圆时，用力要适当，作为旋转中心的一脚应施加较大的压力。

（3）使用样冲冲眼时，应先将样冲向外倾，样冲尖端应对准所划线的正中，然后再将样冲直立冲眼。冲眼的距离和深浅应按要求确定。

（4）划线工具要合理放置，左手用的工具和右手用的工具分别放在工件的左、右边，做到轻拿轻放，排放整齐。

（5）严格按几何作图法划线，每划完一根线或整个图形，都必须认真检查校对，避免差错。

## 五、质量检查内容及评分标准

| 序号 | 质量检查内容 | 配分 | 评分标准 | 自检 | 复验 | 得分 |
|------|------------|------|---------|------|------|------|
| 1 | 涂色薄而均匀 | 4 | 根据所有涂色总体评定 | | | |
| 2 | 图形正确，分布合理 | 12 | 错一处扣2分 | | | |
| 3 | 尺寸公差±0.25 | 30 | 错一处扣2分 | | | |
| 4 | 线条清晰无重复 | 15 | 线条重复或模糊扣1分 | | | |
| 5 | 冲眼准确，分布合理 | 15 | 冲偏一处扣1分，一处分布不合理扣1分 | | | |
| 6 | 圆弧与直线，圆弧与圆弧 | 10 | 一条线连接不好扣1分 | | | |
| 7 | 使用工具正确，操作姿势正确 | 10 | 发现一次不正确扣1分 | | | |
| 8 | 安全文明生产 | 4 | 违章一次扣2分 | | | |
| 日期： | 学生姓名： | 学号： | 教师签名： | | 总分： | |

## 实训二 样板划线训练

如图 X2-2 为一样板，要求在板料上划线。

## 一、训练要求

（1）掌握平面划线的方法。

（2）正确、熟练使用划线工具。

## 二、使用的量具和辅助工具

钢尺、量角器、划针、划规、样冲、手锤等。

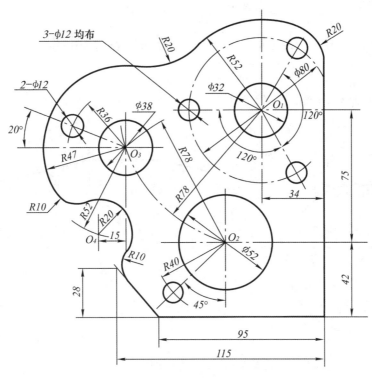

图 X2-2　样板划线

## 三、操作过程

（1）分析图样，首先确定以底边和右侧边为划线基准。把板料清理、矫平、涂色后开始划线。

（2）沿板料边缘划两条互相垂直的基准线。

（3）划尺寸为 42、75 的两条水平线。

（4）划尺寸为 34 的垂直线，找到 $O_1$ 点。

（5）以 $O_1$ 为圆心，$R78$ 为半径作弧，交尺寸 42 的水平线得 $O_2$ 点，并过 $O_2$ 作垂线。

（6）分别以 $O_1$、$O_2$ 为圆心，$R78$ 为半径作弧，得交点 $O_3$，通过 $O_3$ 作水平线和垂直线。

（7）以 $O_1$ 和 $O_3$ 为圆心，分别以 $R52$ 和 $R47$、$R52$ 为半径作弧。

（8）划距离 $O_3$ 垂直中心线为 15 的垂直线与以 $O_3$ 为圆心的 $R52$ 圆弧交于 $O_4$ 点。以 $O_4$ 为圆心，$R20$ 为半径作弧。

（9）按尺寸 115、95、28 划出左下方斜线。

（10）作外轮廓连接弧，连接 3 个 $R20$ 和 2 个 $R10$，完成外轮廓的划线。

（11）划出 $\phi32$、$\phi80$、$\phi52$、$\phi38$ 的圆周线。

（12）通过 $O_2$ 点作 45°线，与以 $O_2$ 为圆心，$R40$ 为半径作圆弧，交点为 $\phi12$ 小圆的圆心。

（13）通过 $O_3$ 点作 20°线，与以 $O_3$ 为圆心，$R36$ 为半径所作圆弧，交点为另一 $\phi12$ 小圆的圆心。

（14）按图样位置把 $\phi80$ 圆周分成三等分，得到分布于 $\phi80$ 圆周上的 3 个 $\phi12$ 小圆的圆心。

（15）划出 5 个 $\phi12$ 圆周线。

至此，全部线条划完。按图样检查有无漏线、错线。划出圆心后就打样冲眼，以便于划圆弧。检查无误后，再按规定打线条上的样冲眼。

# 实训三　凸轮划线训练

盘形凸轮轮廓曲线划线训练如图 X2-3 所示。

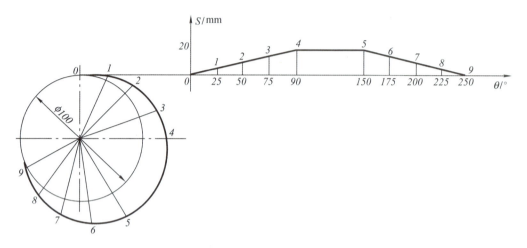

图 X2-3　凸轮轮廓曲线划线

## 一、训练要求

（1）熟练掌握平面划线的方法。
（2）正确、熟练使用量角器等划线工具。
（3）掌握平面曲线的划线方法。

## 二、使用的工具、量具

划针、划规、钢尺、量角器、角尺、样冲、手锤等。

## 三、操作过程

（1）检查毛坯材料（板料）的外形尺寸是否合格，清理划线表面。
（2）安排好划线基准。
（3）合理选择涂料，在工件表面均匀刷上涂料。
（4）按图样划线。
（5）划线完毕，在线条上打样冲眼。

# 实训四　台虎钳螺母划线训练

台虎钳螺母划线训练如图 X2-4 所示。

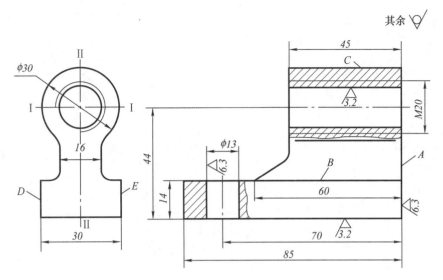

图 X2-4 台虎钳螺母划线

## 一、训练要求

（1）掌握立体划线的方法。

（2）掌握千斤顶等划线工具的使用方法。

## 二、使用的工具、量具

划针、划规、钢尺、量角器、角尺、样冲、手锤等。

## 三、操作过程

分析图样。该螺母需要加工的部分有：底面、螺孔、底板上螺钉孔。

划线过程：

（1）确定划线基准：内螺孔互相垂直的中心平面Ⅰ－Ⅰ，Ⅱ－Ⅱ以及右端面A。

（2）找正B面，使底面和A面都有加工余量，且基本与母线C平行。

（3）划底面加工线，工件四周都要划到，如加工余量不够，可用找正和借料方法解决，接着划基准线Ⅰ－Ⅰ。

（4）将工件转方向划基准线Ⅱ－Ⅱ，划过底面。尽量保证M20孔壁均匀和D、E两面对称。

（5）划出A面的加工轮廓线，以其为基准划螺钉孔位置，通过孔φ13定位尺寸70位置线，与基准线Ⅱ－Ⅱ相交得φ13孔圆心。

（6）划M20螺孔圆周线及φ13孔圆周线。

（7）检查无误后，在线条上打上样冲眼，至此划线完成。

# 项目三
# 錾　削

　　本项目主要介绍了錾削工艺的知识与实践技能。从錾削工具的基础认知到錾子的刃磨与热处理技术，再到具体的錾削方法，内容循序渐进，系统而详尽。书中不仅涵盖了安全技术与产生废品的原因分析，还通过一系列实训项目，如窄平面与大平面的錾削、直槽与薄板的錾切等，让学生在实战中加深理解。

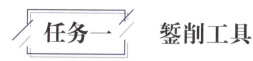

# 任务一　鏨削工具

鏨削是利用手锤锤击鏨子，对工件进行切削加工的一种基本方法。鏨削工作效率比较低，劳动强度大，但由于使用的工具简单，操作方便，在机械加工不便的情况下尤为适用，例如去除毛坯的飞边、毛刺、浇冒口，修整板料割口，切割薄板料，在构件上开槽等。鏨削是钳工的基本技能之一。

鏨削工具主要有鏨子和手锤。

## 一、鏨子

鏨子一般由碳素工具钢（如 T7A、T8A）锻造而成，经热处理后有足够的硬度和韧性，也可用合金钢（如滚动轴承钢 GCr15、高速钢 W18Cr4V 等）锻造，只是价格较高。

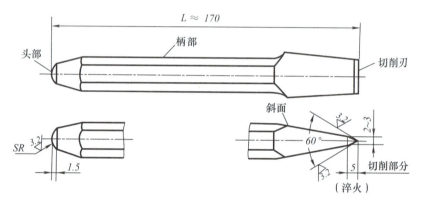

**图 3-1　鏨子的构造**

鏨子由切削部分、斜面、柄部和头部四部分组成（如图 3-1 所示）。柄部断面为八棱形。头部做成圆锥台形，顶端略带球面，使锤击作用力的方向能朝着刃口的鏨切方向，并使顶部受锤击后不翻边。鏨子切削部分主要由两面一刃（前面、后面和切削刃）构成。鏨削时的角度如图 3-2 所示。

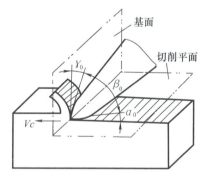

**图 3-2　鏨削时的角度**

### 1. 鏨子切削部分

前面：切削时鏨子和切屑接触的表面。

后面：切削时鏨子切削部分与已切削表面的背面。

切削刃：鏨子前面和后面的交线。

### 2. 鏨子切削角度

在介绍鏨子切削时的切削角度之前先介绍切削平面和基面两个概念。

基面：通过切削刃上任一点并垂直于切削速度方向的平面。

切削平面：通过切削刃并与切削表面相切的平面。它和基面是互相垂直的。

如图 3-2 所示，切削时切削部分有三个角度：楔角、前角和后角。

（1）楔角 $\beta_0$。鏨子切削部分前面与后面的夹角。

（2）前角 $\gamma_0$。錾子切屑部分前面与基面所夹的锐角。

（3）后角 $\alpha_0$。錾子切屑部分后面与切削平面所夹的锐角。

显然 $\beta_0 + \alpha_0 + \gamma_0 = 90°$，而前角 $\gamma_0$ 和后角 $\alpha_0$ 的大小与錾子切削时的倾斜程度有关。

楔角 $\beta_0$ 的大小决定了切削部分的强度及切削阻力的大小。楔角大，刃部强度高，但切削阻力也大。所以，在满足刃部强度的前提下，刃部应磨出较小的楔角。錾削硬材料时，楔角可大一些；而錾削软材料时，楔角应小一些。根据经验和计算结果，刃部使用不同材料，推荐选择的楔角大小不同，如表 3-1 所示。

表 3-1　推荐选择的楔角大小

| 材　　料 | 楔角 |
| --- | --- |
| 碳素工具钢、铸铁等硬质材料 | $60° \sim 70°$ |
| 一般碳素结构钢、合金结构钢等中硬度材料 | $50° \sim 60°$ |
| 低碳钢、铜、铝等软质材料 | $30° \sim 50°$ |

后角 $\alpha_0$ 的大小决定了切削深度和切削的难易程度。为后角较大时，切削深度大，切削较困难；当后角较小时，切入较浅，切削较容易，但效率低；当后角太小时，錾子难以切入且易打滑。通常取 $\alpha_0 = 5° \sim 8°$ 为好。

前角 $\gamma_0$ 的大小决定切屑变形的程度和切削的难易程度。在楔角 $\beta_0$ 和后角 $\alpha_0$ 选定后，前角 $\gamma_0$ 也就确定了。

### 3. 錾子的种类和用途

錾子分为三种类型：扁錾（阔錾）、窄錾（尖錾）和油槽錾。

（1）扁錾。如图 3-3（a）所示，其切削刃较长，切削部分扁平。扁錾用于平面錾削、去毛刺飞边、切断板料等，应用最为广泛。

（2）窄錾。如图 3-3（b）所示，其切削刃较短，刃的两侧面自切削刃起向柄部逐步变窄，以保证在錾槽时不被工件卡住。窄錾用于錾削槽形、切割板料成曲边形等。

（3）油槽錾。如图 3-3（c）所示，油槽錾由窄錾演变而成。其切削刃制成圆弧形且很短，斜面制成弯曲形状，便于錾削油槽。

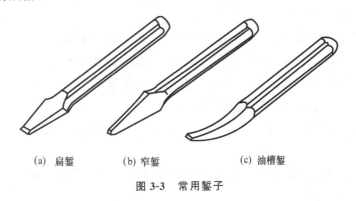

(a) 扁錾　　　(b) 窄錾　　　(c) 油槽錾

图 3-3　常用錾子

## 二、手锤

手锤由锤头、木柄和楔子等组成（如图 3-4 所示）。锤头有硬、软之分。硬锤头主要用于錾削，一般由碳素工具钢锻造而成，两端锤击面经淬硬后磨光。软锤头多用于装配和矫正，通常由铜、铝、硬木或橡胶制成，有时也可在硬锤头上焊接铜、铝之类的材料作为锤击面。手柄由胡桃木、檀木、茶树木等硬木制成。

常见锤头形状如图 3-4 所示，使用较多的是两端为球面的一种。其规格有 0.25kg、0.5kg、1kg等。锤头的安装孔做成椭圆形，孔的两端孔口略大而中间略窄，木柄装入后再用金属楔块敲入木柄端部，使木柄膨胀，锤头不易脱落，如图 3-5 所示。

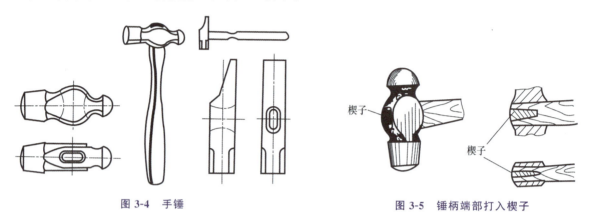

图 3-4　手锤　　　　　　　　　　　　　图 3-5　锤柄端部打入楔子

手柄的截面形状为椭圆形，便于定向握持。常用的 1kg 手锤柄长约 350mm，手柄过长会使得操作不便，过短则又会影响用力。用手握锤头，在手臂的前臂长度和手锤长度相等时，手柄长度比较合适。

## 任务二　錾子的刃磨与热处理

### 一、錾子的刃磨

錾子刃磨在砂轮上进行，錾子刃磨后，其楔角应与其中心线对称（油槽錾除外），如图 3-6 所示，刃磨要点如下：

（1）刃磨时，将錾子的切削刃水平置于砂轮轮缘上，并略高于砂轮水平中心线位置，手持錾子在砂轮轮宽方向上左右匀速平行移动。动作要平稳。

（2）手握錾子要掌握好方向和位置，以确保刃磨角度的准确。刃磨前面和后面应交替进行，以保证两个面平直和对称。

图 3-6　錾子的刃磨

（3）刃磨压力要均匀，用力不可过大，以免切削部分因过热而导致退火。刃磨过程中，要经常将錾子浸入冷水中冷却。

（4）注意安全。人身体站立位置应偏离砂轮旋转平面的一边。砂轮旋转方向应正确，保证磨屑向地面飞溅。

### 二、錾子的热处理

足够的硬度能保证錾子切削刃锋利，而足够的韧性则保证錾子有一定的使用寿命。对碳素工具钢錾子，热处理前先粗磨成刃口。热处理时，先将切削部分（长约 20mm）加热至樱红色（约 750～780℃）后，迅速垂直地浸入冷水中冷却，浸入深度 5～6mm（如图 3-7 所示），并使錾子在水面慢慢移动，让微动的水波使得淬硬与不淬硬的界线呈波浪线，可避免錾子在此线处断开；同时可赶走吸附于錾子表面的气泡，避免出现淬火软点。当水上部分变成黑色时，提起錾子，利用余热对淬火部分进行回火，以提高錾子的韧性。錾子从水中取出后，注意观察切削部分的颜色变化：刚出水为白色，随后变为黄色，再为蓝色……当切削刃处变黄色时，将錾子浸入冷水中冷却，此时称为"淬黄火"，錾子硬度较高而韧性较差；当切削刃处由黄色变蓝色时，将錾子浸入水中冷却，此时称之为"淬蓝火"，錾子的硬度较低而韧性较好。一般情况下，掌握好时机，取两者之间的硬度。

**图 3-7　錾子的热处理**

## 任务三　錾削方法

### 一、手锤的使用方法

#### 1. 握锤

握锤有紧握法和松握法两种，如图 3-8 所示。

（1）紧握法（又称死握法），用右手食指、中指、无名指和小指紧握锤柄，大拇指贴在食指上，虎口对准锤头方向，木柄尾端留出 15～30mm。初学者大多采用紧握法。

（2）松握法只用大拇指和食指握紧锤柄。锤击时，中指、无名指和小拇指一个接一个地握紧锤柄；当挥锤时这三个手指又以相反次序放松。这种握法，挥动轻松，锤击力大。

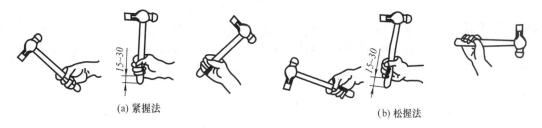

(a) 紧握法　　　　　　　　　　　　　　(b) 松握法

**图 3-8　手锤的握法**

#### 2. 挥锤

挥锤方式有手挥、肘挥和臂挥三种，如图 3-9 所示。

（1）手挥。仅依靠手腕的运动来挥动锤子，如图 3-9（a）所示。运动空间小，锤击力小。通常在錾削开始及结尾、剔油槽或制作模具等情况下使用。

（2）肘挥。依靠手腕和肘部一起运动来挥锤，如图 3-9（b）所示。锤击力较大，应用最为广泛。

（3）臂挥。手腕、肘和臂一起动作，如图 3-9（c）所示。动作空间大，锤击力强，通常只在需要大力錾削的场合使用。

挥动锤子的速度：手挥约 50 次/min，肘挥约 40 次/min，臂挥速度更慢些。

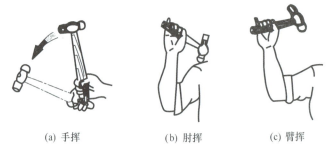

(a) 手挥　　　　　　　(b) 肘挥　　　　　　　(c) 臂挥

图 3-9　挥锤方法

## 二、握錾和运錾

### 1. 握錾

握錾方法有正握、反握和立握三种，如图 3-10 所示。常见的正握法的握錾方式为左手的中指、无名指和小指握持柄部，大拇指和食指自然接触，自如而松动，錾顶外伸约 20mm。正面錾削以及大面积强力錾削时，大都采用正握法。侧面錾切、剔毛刺及使用短小錾子时，使用反握法，錾切时，手臂自然放平。在铁砧上錾断材料时，用立握法。

(a) 正握法　　　　　(b) 反握法　　　　　(c) 立握法

图 3-10　錾子握法

### 2. 运錾

錾切时，錾子在工件上的位置和方向要正确，确保后角为 5°～8°。在整个錾削过程中，运錾要平稳，后角保持不变，从而保证錾削的质量。

## 三、錾削的姿势

錾削姿势是保证錾削质量和切削速度的重要因素之一。錾削时，两脚互成一定的角度，左脚跨前半步，右脚稍微退后（如图 3-11 所示），身体自然站立，重心偏于右脚。此时右脚站稳、伸直，而左腿则微弯。眼睛紧盯錾削处（如图 3-12 所示）。

图 3-11　錾削时双脚的位置

图 3-12　錾削姿势

### 四、錾削平面

錾削平面时主要用扁錾。起錾可以从工件被錾削平面的尖角处开始，如图 3-13（a）所示，由于切削刃和尖角接触面小，因而易切入，便于把握好正常錾削时的切削方向。每次錾削量约 0.5～2mm，视錾削者的体力和技术而定，錾削量太大则錾削费力又不易錾平。起錾也可以从正面开始，如图 3-13（b）所示。

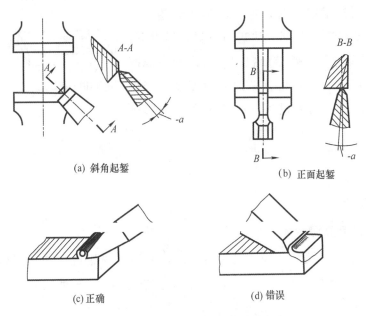

(a) 斜角起錾　　　　　　(b) 正面起錾

(c) 正确　　　　　　(d) 错误

图 3-13　起錾方法与錾到尽头时的方法

当錾削接近边缘 10～15mm 时，应调头錾去余下部分，如图 3-13（c）所示，否则工件边缘易崩裂，如图 3-13（d）所示，在錾削过程中，一般每錾削两三次后，可将錾子退回以观察錾削表面的情况，亦可使手臂肌肉有节奏地得到放松。

保持錾削平面平滑的錾削要领是：①握錾、运錾平稳自然，锤击落点准，锤击力均匀，保持切削刃后角不变和锤击力方向不变；②把握好起錾和终錾方法，细心操作，随时观察已錾削表面质量，发现问题及时纠正；③錾子刃口保持锋利。

对于较窄平面的錾削，切削刃最好与錾削前进方向倾斜一个角度，以便切削刃与工件有较多的接触面，这样能使錾子掌握平稳。

对于大平面錾削，当工件的被切削面宽度超过扁錾切削刃的宽度时，通常先用窄錾在錾削面上开出工艺直槽，两槽间未錾部分的宽度不超过扁錾切削刃的宽度，然后再錾削剩余部分

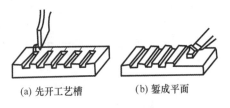

(a) 先开工艺槽　　(b) 錾成平面

图 3-14　錾宽平面

（如图 3-14 所示）。錾削工艺直槽，通常划好加工线条，以一条线为基准开槽，首次錾削量不超过 0.5mm，最后一遍的修正量应在 0.5mm 以内，这样錾削大平面，既省力又轻快，还能保证大平面錾削平滑。

### 五、錾削油槽

油槽錾切削刃的形状应和图纸所要求的油槽断面形状一致，切削部分两侧面向后应逐步缩小。在曲面上錾削油槽时，錾子切削部分制成弯曲形状，切削刃磨成圆弧状，但刃口中心点仍应保证在錾子錾体中心线延长线上，保证锤击力能朝向刃口的錾切方向。

錾削油槽前，先根据油槽位置画出槽宽的两条边界线或划出其中心线。錾削油槽起始时，要由浅到深运錾，錾削出圆弧面来，以后按窄錾的錾削方法进行（如图 3-15 所示），錾削到近槽的末端时刃口要慢慢翘起，保证槽底成圆弧过渡。錾削过程中錾子的倾斜角应随曲面而变动，以保证錾削后角不变，防止錾子切入过深（后角过大）或錾子滑出（后角过小）。

(a) 錾削平面上油槽　　　(b) 錾削圆弧面上油槽

**图 3-15　錾削油槽**

### 六、錾切板料

錾切板料常用方法有：

#### 1. 板料夹在台虎钳上錾切

对板厚在 2mm 以下的小尺寸薄板，要夹持牢固，錾切线与钳口平齐，用扁錾斜对板料（约 30°～45°）沿钳口自右向左錾切，如图 3-16（a）所示。錾子不可正对板料，否则会出现裂缝，如图 3-16（b）所示。

对较厚板料，以钳口为基准用弧形刃錾子将切口处正反两面錾出凹痕，再将钳口上部板料前后摆动，使之从切口处断开。

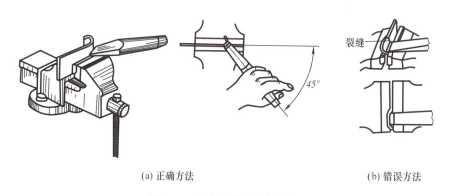

(a) 正确方法　　　　　　　　　(b) 错误方法

**图 3-16　在台虎钳上錾切板料**

#### 2. 在铁砧上或平板上进行錾切

对尺寸较大的板料，不能在台虎钳上夹持，可置之于铁砧上錾切。用弧形刃錾子，其宽度视切断线而定：当切断线是直线时，宜用宽刃扁錾；当切断线是曲线时，宜用窄錾。錾切时錾子要倾斜，刃口似剪切状，由前逐步后退排錾，先沿线錾出浅凹痕，然后再使錾子垂直板面依次錾切（如图 3-17 所示）。

对于 4mm 以上厚度的板料，可沿切口正反两面先錾出凹痕，然后再敲断。注意，必须保证两面的切口线对齐，不可错位。

要将板料錾切成轮廓较复杂的零件毛坯时，可用φ3～φ5的钻头沿零件轮廓外钻出密集小孔（孔心距略大于孔径），再用錾子逐步錾切（如图3-18所示）。

图 3-17　在铁砧上錾切板料

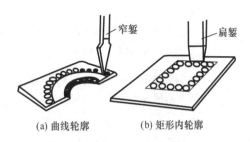

(a) 曲线轮廓　　　(b) 矩形内轮廓

图 3-18　复杂轮廓的錾断

　　**安全技术和产生废品原因分析**

## 一、安全技术

为了保证錾削工作的安全，錾削时应注意：

（1）保持錾子刃口锋利。用钝后的錾子錾削面粗，錾削费力且易打滑伤人。

（2）錾子头部有明显的毛刺时应及时打磨掉，谨防其伤手。

（3）钳台上应有防护网，防止錾削的切屑飞出伤人，操作者要戴防护眼镜。

（4）錾子和手锤头部以及锤柄部不可沾油，防止打滑伤人。

（5）锤柄要装牢，防止锤头脱出伤人；工件要固定稳当，工件伸出钳口高度一般以10～15mm为宜。錾子和手锤分放在台虎钳台面上，锤柄不可露出钳台边，防止滑落伤人。

## 二、产生废品原因分析

錾削工作中常见废品有以下几种：

（1）工件表面过分粗糙，后道工序无法清除其錾削痕迹。

（2）工件棱角崩裂缺损。

（3）起錾不准或錾削超过尺寸界线。

（4）工件夹持不当，将工件表面夹坏。

出现废品的主要原因是操作者不够认真、细心，操作不熟练，錾削技术要领未很好掌握等。

废品产生的形式及原因见表3-2和表3-3。

表 3-2　錾削平面时的质量分析

| 废品形式 | 产生原因 |
| --- | --- |
| 表面粗糙 | ①錾子切削刃口爆裂或刀口卷刃不锋利；<br>②锤击力不均匀；<br>③錾子头部与锤头受力方向经常改变 |

续表

| 废品形式 | 产生原因 |
|---|---|
| 表面凹凸不平 | 錾削中，后角掌控不稳时大时小 |
| 表面有痕 | ①左手未将錾子放正，錾子刃口倾斜，錾削时刃角先切入；<br>②錾子刃磨时刃口磨成中凹 |
| 崩裂或塌角 | ①錾削到尽头，未调头錾削，使棱角崩裂；<br>②起錾量太多，造成塌角 |
| 尺寸超差 | ①起錾时尺寸不准确；<br>②测量检查不及时 |

表 3-3　錾削直槽时的质量分析

| 废品形式 | 产生原因 |
|---|---|
| 槽口爆裂 | 第一遍錾削过多 |
| 槽不正 | 錾子没摆正，没按所划线条进行錾削，调头錾削时未錾削在同一直线上 |
| 槽底高低不平 | 錾削时錾子后角不稳定（忽大忽小）或锤击力轻重不一 |
| 槽底倾斜 | 窄錾刃口磨成倾角或錾子斜放入后进行錾削 |
| 槽口成喇叭口 | 窄錾刃口已钝或裂开后仍使用，錾切同一条直槽的窄錾刃，刃磨次数过多，刃口宽度缩小 |
| 槽内一面倾斜 | 每次起錾位置向一面偏移 |
| 与基面不平行 | 第一遍錾削时方向未把握住，致錾削向一个方向倾斜；不依照所划线条进行錾削 |

## 习　题

1. 为什么錾子必须具备足够的硬度和韧性？錾子的两面一刃是指什么？
2. 什么是錾子切削时的前角、后角和楔角？它们对切削有何影响？如何选取？
3. 简述錾子的种类及应用场合。
4. 窄錾切削部分两侧面为什么要磨成向柄部逐渐狭小的形状？
5. 錾子为什么要对切削部分进行热处理？试述其淬火和回火过程。
6. 锤头通常用什么材料制成？锤头孔为什么做成椭圆形，且孔口大中间小？
7. 简述挥锤的方法及其应用场合和挥锤速度。
8. 如何起錾和终錾？为什么？
9. 錾切板料有几种方法？要注意什么问题？
10. 如何錾削得既快又平滑？

## 实训一　錾子的刃磨训练

### 一、训练要求

(1) 初步掌握錾子的刃磨方法。

(2) 掌握利用角度样板检查刃磨角度。

(3) 懂得砂轮机的使用及其安全操作知识。

### 二、使用的设备和工具

錾子毛坯、砂轮机、万能角度尺、冷水等。

### 三、训练步骤

(1) 用1～2mm厚的薄板制成一个楔角凹模样板，用于检查刃磨曲面所形成的楔角大小。

(2) 刃磨錾子的方法如图3-6所示。握錾右手在前，左手在后，前翘握持；在旋转平稳的砂轮轮缘上进行刃磨。刃磨时，錾子切削刃应高于砂轮中心，并在砂轮宽度方向上做左右来回平稳移动。适当施加刃磨压力，不宜过大。控制前后面刃磨，使切削刃位于錾子的对称面内且和几何中心线垂直。不断用楔角凹模样板检查，使之达到楔角大小的要求。錾子刃磨时，若温度过高，就用冷水冷却，既可防錾子退火，又不至于烫手。

(3) 用油石对錾子切削部分进行精磨，提高切削面的表面质量和切削刃的锋利程度。

### 四、注意事项

錾刃的粗磨通常在热处理前进行，热处理后再进行精磨和修整。錾子用钝后必须进行刃磨。热处理后的刃磨要严防退火（刃磨中不可变色），刃磨压力不能太大，并常放入冷水中冷却。

## 实训二　錾子的热处理训练

### 一、训练要求

(1) 掌握錾子加热的方法。

(2) 初步掌握錾子淬火和回火的全过程。

(3) 懂得热处理的安全知识。

### 二、使用的设备和工具

电加热炉、錾子（材料为T8）、冷却液（水）、锻工用夹钳等。

### 三、训练步骤

（1）加热。将已刃磨好的錾子放入电加热炉中，加热至切削部分长约 20mm 的一端呈樱红色，即温度达 750～780℃。

（2）淬火。用锻工用夹钳夹住錾子柄部上端，将錾子从加热炉取出后随即垂直地浸入水中，切削刃端部浸入 5～6mm（如图 3-7 所示）。使錾子沿水面缓慢移动。当錾子的水上部分呈黑色时，取出錾子。

（3）回火。錾子回火是靠錾子柄部的余热进行的。当錾子柄部变黑时，从水中取出后应迅速擦去切削部分（前后面上）的氧化层和污物，此时看到切削部分呈白色，随后变成黄色，再由黄色变为蓝色。对这一过程的观察一定要仔细。在变成黄色时，就将錾子全部浸入水中冷却，称之为"黄火"。此时錾子切削部分硬度较高，但錾削时易断裂。若在变为蓝色时（先黄后蓝），才将錾子全部浸入水中冷却，称之为"蓝火"。此时錾子硬度较"黄火"时低，但韧性比"黄火"时好。

（4）修刃。热处理完毕，再在砂轮机上精磨切削刃，检查楔角大小，检查切削刃是否在錾子对称面内且与几何中心线垂直。刃磨压力要轻，谨防退火。精磨后再用油石研磨切削部分的前后面，进一步提高前后面的表面质量，使切削刃更锋利。

### 四、注意事项

（1）加热要保证达到 750℃ 的淬火前温度，温度过低无法淬硬，过高亦会影响切削刃内在质量和使用寿命。

（2）防止烫伤和烧伤。用长柄火钳夹紧錾子，以免脱落烫伤人体和损坏衣物。必要时带上电焊手套。

## 实训三　錾削锤击训练

### 一、训练要求

（1）正确掌握錾子和手锤的握法和锤击动作。
（2）錾削姿势和动作正确、协调、自然。
（3）掌握正确的锤击速度。

### 二、使用的设备和工具

台虎钳、手锤、呆錾子等。

### 三、训练步骤

如图 X3-1 所示，将呆錾子夹紧于台虎钳口中部，然后对呆錾子进行以下锤击练习：
（1）錾削姿势。操作者站在台虎钳前，左脚着力，右脚伸直，上身自然挺直。
（2）练习手挥。先将目光看向呆錾子头部，挥锤锤击，锤击力量可由轻到重，速度由慢到快，体会锤击时的感觉（1h）。待锤击逐步准确和平稳后，正视呆錾子钳口位，用余光瞥向呆錾子头部，用正常力量和速度进行锤击，直到锤击得准确、平稳（1h）。

（3）练习肘挥和臂挥。左手握錾，右手握锤，锤击时注意让锤走弧形，在一个平面内挥锤。紧握法和松握法交替练习（1h）。

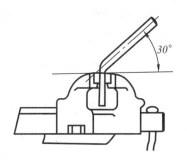

图 X3-1  用呆錾子进行锤击练习

## 四、注意事项

（1）锤击练习开始时，用力要轻，待锤击准确后方可用较大力锤击。注意安全，防止因锤击不准而损伤台虎钳或手锤反弹滑出伤人。

（2）控制好锤的运动轨迹，注意不要打到握錾子的手。

（3）保持正确的姿态，多练习，形成习惯。

# 实训四　錾削训练

实习用工件如图 X3-2 所示，要求将其凸台錾平。

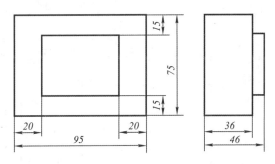

| 实习件名称 | 材料 | 材料来源 | 下道工序 | 件数 | 工时/h |
|---|---|---|---|---|---|
| 长方铁坯件 | HT150 | 备料（铸） | 锉削（如图 X5-1 所示） | 1 | 4.5 |

图 X3-2  实习用工件

## 一、训练要求

（1）正确掌握錾子和手锤的握法和锤击动作。

（2）錾削的姿势和动作要正确、协调、自然。

（3）掌握较大平面的錾削方法。

## 二、使用的设备和工具

台虎钳、无刃錾子、有刃錾子、手锤、垫木等。

## 三、训练步骤

### 1. 模拟錾削训练

如图 X3-3 所示，将实习件方铁夹在台虎钳上，下面垫好木块。采用正握法握住无刃錾子，对准凸肩处进行模拟錾削练习。分别采用手挥、肘挥和臂挥进行锤击；锤击力量逐步加强。移动錾子与锤击协调进行，达到锤击准确，双手配合良好。

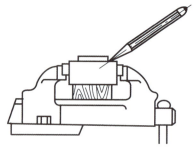

### 2. 錾平凸台

用已刃磨錾子錾平方铁的凸台。在錾削过程中，应逐层錾削，錾削深度为 0.5～1mm/每次，最后用直尺检查凸台錾平后的平直程度。

图 X3-3　用无刃口錾子
进行模拟錾削练习

## 四、注意事项

（1）握錾自然，要握正握稳，其倾斜角保持在 35°左右。视线要瞄准工件錾削部位，不可看着錾子锤击部位。

（2）握錾时，前臂平行于钳口。

（3）及时纠正错误姿势，防止养成不良习惯。

# 实训五　錾削窄平面训练

錾削窄平面工件图如图 X3-4 所示。

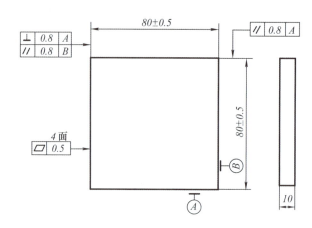

| 工件名称 | 材料 | 材料来源及尺寸 | 下道工序 | 件数 | 工时/h |
| --- | --- | --- | --- | --- | --- |
| 方板 | Q235 | 备料 88×88×10 | — | 1 | 2 |

图 X3-4　錾削窄平面工件图

## 一、训练要求

（1）掌握窄平面錾削方法。注意錾子倾角变化对錾削平面平直度的影响。

（2）正确掌握起錾和终錾的方法。

## 二、使用的工具

扁錾、手锤、直尺、直角尺、游标卡尺、塞尺、划针等。

### 三、训练步骤

（1）检查板料尺寸。

（2）錾削基准面 A。以板料任一边划线，留 2 的錾削余量。将板料夹紧在台虎钳上，使錾削基准边平行且高于钳口 5，下方垫好木块。錾削量为 0.5mm/次，錾削时扁錾刃口与板料边长方向成 45°，錾削方向为沿边长方向。注意起錾和终錾的操作方法，防止坍角。錾削至加工线，使之达到平面度 0.5 的要求。

（3）錾削基准面 A 的对应面。以 A 面为基准，按尺寸 80 划该面加工线。錾削该面使之达到平面度 0.5，对 A 面平行度 0.8 和尺寸 80±0.5 的要求。

（4）錾削基准面 B。以 A 面为基准，用直角尺划该面加工线。留 2 左右的錾削余量，錾削该面，使之达到对 A 面的垂直度 0.8 和平面度 0.5 的要求。

（5）錾削第四面。以 B 面为基准，按尺寸 80 用直角尺划该面加工线。錾削该面，使之达到平面度 0.5，对 B 面平行度 0.8 和尺寸 80±0.5 的要求。

### 四、注意事项

（1）掌握正确的姿势、合适的锤击速度和一定的锤击力。

（2）当錾削余量超过 3 时，第一遍錾削量可在 1.5 以上，以锻炼锤击力。

（3）克服落锤速度过慢、握錾不稳和锤击无力等现象。

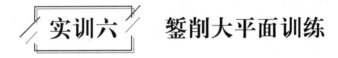

**实训六　錾削大平面训练**

錾削大平面工件图如图 X3-5 所示。

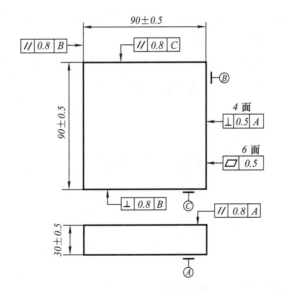

| 工件名称 | 材料 | 材料来源及尺寸 | 下道工序 | 件数 | 工时/h |
|---|---|---|---|---|---|
| 长方铁 | HT150 | 备料 95×95×34 | 图 X3-6 | 1 | 8 |

图 X3-5　錾削大平面

### 一、训练要求

（1）掌握大平面的錾削方法和正确的錾削姿势与动作。

（2）训练强力錾削，增强锤击力。

### 二、使用的刀具、量具和辅助工具

扁錾、钢直尺、直角尺、游标卡尺、塞尺、划针盘、平台、划针、手锤等。

### 三、训练步骤

（1）检查原料尺寸。划出 A 面四周加工线，留錾削余量约为 2，并打样冲眼。

（2）夹紧工件，使 A 面加工线平行且伸出钳口约 5 左右。

（3）錾削 A 面，錾削量 0.5～1。当錾削至尚留 10 左右时，调头錾削，使之达到平面度 0.5 的要求。

（4）錾削 A 对应面。按尺寸 30 划 A 面的平行面加工线，重复步骤（2）、（3），使之錾削达到尺寸 30±0.5、平面度 0.5，对 A 面平行度 0.8 的要求。

（5）划尺寸 90×90 的加工线。

（6）錾削 B 面，使之达到平面度 0.5，且对 A 面垂直度 0.5。

（7）錾削 B 面的对应面，使之达到尺寸 90±0.5，平面度 0.5，对 B 面平行度 0.8。

（8）錾削 C 面，使之达到平面度 0.5，对 A 面垂直度 0.5，对 B 面垂直度 0.8。

（9）錾削 C 面的对应面，使之达到尺寸 90±0.5，平面度 0.5，对 C 面平行度 0.8。

（10）去毛刺、自检、送检。

### 四、注意事项

（1）粗錾时，錾削量较大，要注意锤击准确性和锤击力的增强；要把握好起錾和终錾的方法，防止工件端部崩裂；錾削过程中要有正确的錾削姿势，养成安全、文明、高效的錾削习惯。

（2）精錾时，注意握正、握稳，把控切削角的修正，掌握好錾子切削刃的修磨以及锤击力的均匀、适当等，提高錾削的技能、技巧，使大平面的錾削平整。

## 实训七　　鍪削直槽训练

錾削直槽工件图如图 X3-6 所示。

### 一、训练要求

要求掌握窄錾的刃磨技术和錾削直槽的方法。

### 二、使用的工具

窄錾、手锤、划针盘、游标卡尺、直角尺、平板等。

## 三、训练步骤

（1）刃磨窄錾，使刃宽为8。

（2）划线。在工件表面上涂料，按图纸尺寸要求划直槽加工线，并在两端面划槽底界线。

（3）錾削直槽。各槽都以同一侧的加工线为基准进行錾削，錾削量不超过0.5mm/次（或者第一遍錾削量不超过0.5，只求錾削平直。从第二遍起，可以加大錾削量，视操作者的錾削技术而定。最后精錾余量不超过0.5）。使各槽宽达到8，槽深4±0.5，槽间距16，槽侧面和槽底面垂直度0.5。

## 四、注意事项

（1）窄錾刃磨时，除保证刃宽8外，两侧面应从切削刃起向柄部逐渐狭小，形成副偏角1°～3°。否则，易使窄錾卡入槽中或使槽变成喇叭口。

（2）起錾时錾子刃口要摆平摆正，刃口一侧角需与槽基准线对齐。錾削时錾子要握正握稳，刃口不可倾斜，锤击力沿槽方向且均匀适当。这样，才能使錾痕整齐、槽形正确，也使錾子不易损坏（刃口尖角断裂）。做好起錾和终錾，防止槽口受损。

（3）每条槽应用同一錾子錾削，以控制槽宽上下一致。

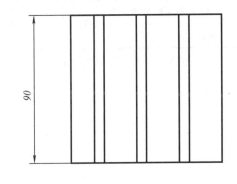

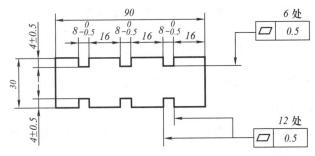

| 工件名称 | 材料 | 材料来源 | 下道工序 | 件数 | 工时/h |
|---|---|---|---|---|---|
| 长方铁 | HT150 | 图 X3-5 转来 | — | 1 | 8 |

图 X3-6　錾削直槽工件图

# 实训八    錾切薄板训练

錾切薄板工件图如图 X3-7 所示。

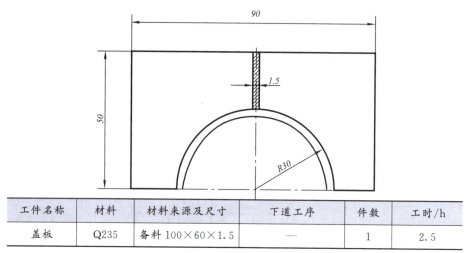

| 工件名称 | 材料 | 材料来源及尺寸 | 下道工序 | 件数 | 工时/h |
|---|---|---|---|---|---|
| 盖板 | Q235 | 备料 100×60×1.5 | — | 1 | 2.5 |

图 X3-7　錾切薄板工件图

## 一、训练要求

掌握錾切薄板的方法。

## 二、使用的工具

扁錾、窄錾、直尺、手锤、划规、划针、$\phi$3 钻头、样冲等。

## 三、训练步骤

（1）按图划錾切线。均匀分配各边錾切余量；划与半圆 $R$30 同心的半圆 $R$28，在其圆周上按 3.5 的间距打样冲眼，以备钻 $\phi$3 排孔。

（2）钻 $\phi$3 排孔。在薄板下面垫厚度为 10～20mm 的木板，用手压住薄板，在小台钻上按样冲眼位置钻 $\phi$3 排孔。

（3）錾切矩形 90×50。将錾切余量置于台虎钳口上方，錾切线与钳口平齐，夹紧薄板。用扁錾錾切，刃口紧贴钳口平面，且与薄板成 45°角，沿錾切线从右向左錾切。

（4）沿 $R$30 圆弧加工线，用窄錾从一端开始连续錾削至另一端。

（5）去毛刺。

## 四、注意事项

錾削圆弧时，可先从两工艺孔间最窄处錾断取出余料，再沿圆弧加工线錾切。此时应将切削刃刃磨成 $R$30 圆弧状。

# 项目四
# 锯　割

　　本项目不仅介绍了锯割的基本知识，还列举了多种实用的锯割方法，深入剖析了锯条损坏的根源及锯割废品产生的原因。此外，项目特别设计了针对钢棒料、管子、薄板及深缝锯割的实训环节，旨在通过理论与实践的紧密结合，帮助学生在实战中磨炼技艺，确保每位学生都能系统掌握锯割技术。

扫一扫

锯割

# 任务一 手 锯

锯割是指用手锯对材料或工件进行分割或锯槽等加工的方法，在机械维修和单件生产时常用到锯割。锯割的应用如图4-1所示。如图4-1（a）为把材料或半成品锯断；如图4-1（b）为锯掉工件上多余部分；如图4-1（c）为在工件上锯槽。

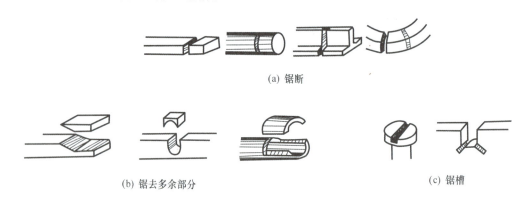

(a) 锯断

(b) 锯去多余部分

(c) 锯槽

**图 4-1 锯割的应用**

## 一、锯弓

锯弓按结构可分为固定式和可调节式两种。固定式锯弓结构如图4-2（a）所示，弓架为整体，只可使用一种长度规格的锯条；可调节式锯弓结构如图4-2（b）所示，此种弓架分为前后两段，前段套在后段内可伸缩调节，可使用多种长度规格的锯条，而且此锯柄形状便于用力，所以被广泛使用。

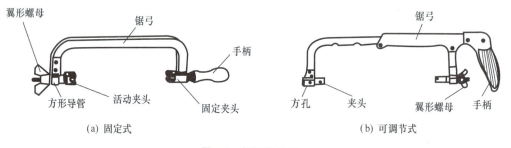

翼形螺母　　　　锯弓　　　　手柄

方形导管　　活动夹头　　固定夹头

(a) 固定式

锯弓

方孔　　夹头　　翼形螺母　　手柄

(b) 可调节式

**图 4-2 锯弓的构造**

锯弓两头各有一个夹头与方孔配合，可前后滑移。夹头上有销钉，以便插入锯条两端的孔内；夹头上有一个翼形螺母，旋转它可调节锯片的松紧。

## 二、锯条

锯条是用来直接锯削材料或工件的刃具，一般用渗碳钢冷轧而成，也可用碳素工具钢或合金工具钢制成，并经热处理淬硬。

锯条的规格以其两端安装孔的中心距来表示，常用规格是300mm。其宽度为10～25mm，厚度为0.6～1.25mm。

### 1. 锯齿和锯路

锯条的切削部分是由许多均布的锯齿组成的，每个锯齿相当于一把錾子（如图4-3所示）。常用锯条的锯齿前角 $\gamma_0 = 0°$，后角 $\alpha_0 = 40°$，楔角 $\beta_0 = 50°$。相邻锯齿后面与前面之间形成容屑槽。后角较大，保证了容屑空间便于排屑，而楔角较大则使锯齿有足够的强度，两者相匹配。

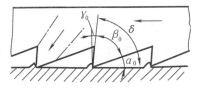

图4-3　锯齿的切削角度

为了使锯缝不卡夹锯条和便于排屑，必须使锯缝比锯条背的厚度宽大。为此，在制造锯条时将全部锯齿按一定规则左右错开，排成一定形状而形成锯路。锯路有交叉形和波浪形等（如图4-4所示）。

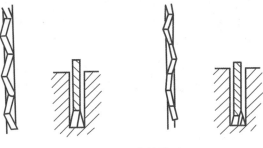

图4-4　锯齿的排列

由于锯路的作用，减少了锯片与锯缝间的摩擦，排屑方便，减轻了锯条发热和磨损，从而延长了锯条的使用寿命，提高锯割效率。

### 2. 锯齿粗细及其选择

锯齿的粗细用每英寸长度内锯齿的个数表示。一般分为粗齿（14齿、18齿）、中齿（22齿）、细齿（32齿）等。

锯齿粗细选择是根据材料的硬度和厚度确定的。

（1）粗齿锯条用于锯割软材料或表面积较大、较厚的材料。此时切屑多，要求锯齿间容屑槽大，防止堵塞。

（2）细齿锯条用于锯割硬材料或管子、薄材料。对于硬材料，难锯割，切屑少（不需大的容屑槽），可选用细齿锯条，因其切割齿数多，每齿锯割量小，容易切削，锯割用力小；对于管子或薄材料，锯割面上至少有两个以上的细齿同时参加锯割，以免锯齿被钩住而致崩裂甚至折断锯条。

## 任务二　锯割基本知识

### 一、锯条的安装

锯条安装时，要使齿尖的方向朝前，使锯割时锯齿前角为零，否则不能正常锯割。在一般情况下，锯片在锯弓中心平面内。锯条的张紧程度要适中，过松会使锯条在锯割过程中左右摆动或扭曲，造成施力困难且易折断锯条；过紧则导致锯条弹性不足，锯割时稍有阻力就会折断。利用翼形螺母调节锯条时，因夹头与方孔间有间隙，有时会使锯条与锯弓平面不平行。这时可反向轻转翼形螺母，使锯条回到锯弓中心平面中来。

## 二、工件的夹持

通常应将工件夹持在台虎钳的左侧，以方便锯割。工件伸出钳口应尽量短，若伸出过长，在锯割时易引起工件振动。锯割线应和钳口侧面平行且距钳口侧面 5～20mm 为宜。

工件夹持要牢固，避免锯割时因工件移动使锯条折断，但不得夹伤工件的已加工表面或使工件变形。

## 三、锯割要领

（1）选择台虎钳高度。从钳口到操作者下颚的距离以一拳加一肘的高度为宜。

（2）站立姿势同錾削姿势。右腿伸直，左腿微弯，身体前倾，两脚站稳，靠左膝屈伸使身体做往复摆动。起锯时，身体稍向前倾，与竖直方向成 10°左右，此时右肘尽量向后收，如图 4-5（a）所示，随着推锯的行程增大，身体逐渐向前倾斜，如图 4-5（b）所示。行程达 2/3 时，身体倾斜成 18°左右，左右臂均向前伸出，如图 4-5（c）所示。当锯削到最后 1/3 行程时，用手腕推进锯弓，身体随着锯削的反作用力退回到 15°位置，如图 4-5（d）所示。锯削行程结束后，逐步减少压力，直至将手和身体退回到最初位置。

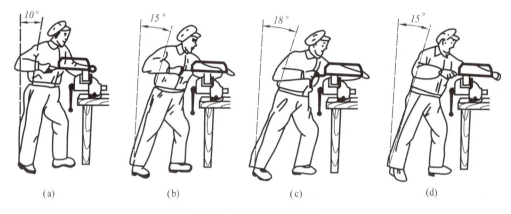

图 4-5　锯削的操作姿势

（3）锯割压力。锯割时，推力和压力均由右手控制，左手配合右手扶正锯弓而不刻意用力。手锯向前推为切削行程，施加推力和压力；手锯向后退回为回程，应使手锯自然退回，不施加压力，避免锯齿磨损。快要锯断时压力要减小。

（4）锯割运动。锯弓运动方式有两种：直线运动和小幅摆动运动。前者运用于锯割锯缝底部要求平直和锯割薄壁工件的情况，后者用于锯割量大的情况。由于小幅摆动（锯弓前推时，左手上翘，右手下压；而锯弓退回时，右手上抬，左手自然抬起），使得操作者不易疲劳。

（5）锯割行程。锯割时应尽量利用锯条的有效长度，一般往复行程不应小于锯条全长的 2/3。行程过短，锯条局部磨损加快，锯条寿命缩短，同时由于锯条局部锯路变窄，易造成锯条卡死和折断的现象。

（6）锯割速度。锯割速度一般以 20～40/min 次为宜。锯割硬材料时速度可慢一些，锯割软材料时则速度快一些；切削行程速度可慢一点，回程可快一点。用力要均匀、平稳。必要时使用合适的冷却液，起到冷却润滑锯条的作用。

（7）起锯。起锯好坏直接关系到锯割质量。起锯不好会造成锯条滑出、损伤工件表面或引起锯齿崩裂。起锯方法有远起锯和近起锯两种（如图 4-6 所示），远起锯是指从工件远离操作者的一端起锯，锯弓前倾约 15°，起锯时用左手大拇指确定锯条位置。由于远起锯是逐步切入工件，锯齿不易卡住，甚至起锯也比较顺手，故常采用远起锯。近起锯是指从工件接近操作者一端起锯，起锯时，锯弓后倾约 15°，但由于锯齿接触的首先是垂直面，故易打齿崩裂；或者锯条一下子切入较深，易卡住锯条，甚至使锯条折断。近起锯可先采用锯弓后拉的办法在工件上切出一个小斜缝来，再起锯向前推进锯割，就可以避免锯齿崩裂及卡锯条等现象发生。

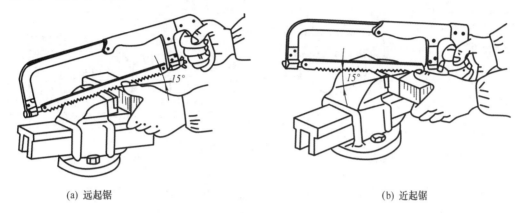

(a) 远起锯         (b) 近起锯

图 4-6 起锯操作方法

## 任务三 几种锯割方法

### 一、棒料的锯割

对断面要求不高的锯割，可以采用多次起锯的方法：先锯割到一定深度（视棒料直径的大小而定），转动棒料一定角度后沿上一次锯缝再锯割到一定深度，如此重复下去直至锯断为止。

这里主要是利用锯割面变小使得较易切入和锯割，达到省力省时的目的。要注意以下几点：

（1）锯割时，锯条平面要和棒料轴线垂直。这样，转动棒料经多次锯割，也能使锯缝重合，保证锯割面基本平整。

（2）锯割深度视棒料直径的大小和操作者锯割能力而定。直径不大的棒料可以一直锯割到接近中心。

（3）锯割至锯断时，应注意将分离段支撑好，否则分离段掉落可能砸伤操作者。如果不锯割断，保留棒心部分（断面呈多边形），再折断亦可。这时棒心断面不宜留大，以免难折断，致使折断时损伤锯割断面甚至棒体。

对断面要求较高的锯割，可从始至终用均匀的节奏连续锯割，并注意保持锯割面与棒料轴线垂直；同时使用适当的冷却液，可以保证断面平整，锯割时间较短，人不易疲劳。

一般说来，棒料的锯割可使用锯床锯割，既快又好，无须繁重的劳动。

### 二、管材的锯割

对厚壁管的锯割类似棒料，可连续锯割至断开，但需要保证单边锯割面上至少有两个以上锯齿同时参加锯割。所以，要根据壁厚和备有的锯片规格，恰当选择锯片。

对薄壁管的锯割，除选用细齿锯条外，可以先在一个方向锯割至内壁后，将管子向推锯方向转过一个角度，接上一锯缝进行锯割至管子内壁，如此进行下去直到锯断为止（若管子内壁尚有少许未锯割断，可用力扭折至其断裂），如图 4-7 所示。

管子必须夹紧，但不能使管子变形或损伤管子外表面。为此，可用两块木制 V 形槽或弧形槽垫块来夹持（如图 4-8 所示）。

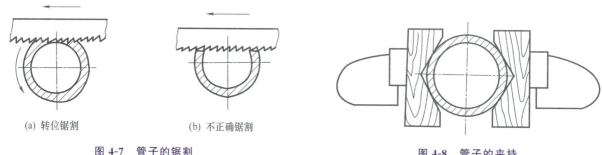

| (a) 转位锯割 | (b) 不正确锯割 | |
|---|---|---|

图 4-7　管子的锯割　　　　　　　　　　　图 4-8　管子的夹持

划管子和棒料的锯割线的简易方法：用矩形纸条围绕管子或棒料的外表面一周，接头处划线重叠，即可用滑石条沿边划出锯割线。

## 三、薄板料的锯割

可将薄板夹在两块木板或金属块中间，连同木块或金属块一起锯割（如图 4-9 所示），这样既可保护锯齿，又增加薄板的刚性。或者将薄板夹持于钳口，锯割线置于钳口平面上方 3～5mm 处，用手锯横向斜锯割，达到扩大锯割面以保证正常锯割的目的（如图 4-10 所示）。

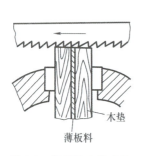

图 4-9　薄板的夹持方法

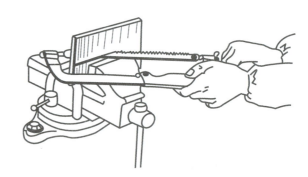

图 4-10　薄板料的锯割方法

## 四、深缝锯割

深缝锯割如图 4-11（a）所示。正常锯割到锯弓背可能碰到工件时，可以将锯条转过 90°后重新安装，使锯弓放平后再锯割，如图 4-11（b）所示；或将锯条反转 180°重新安装，锯弓反装后再锯割如图 4-11（c）所示。

锯割过程中，应适当调整工件夹持位置，保证锯割部位处于钳口附近，否则会因工件的弹性而影响锯割质量，甚至损坏锯条。

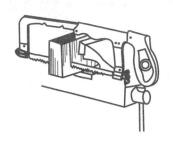 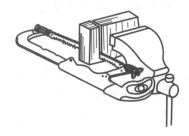 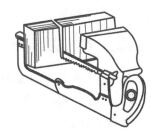

(a) 正常锯割　　　　　　(b) 转 90°安装锯条锯割　　　　(c) 转 180°安装锯条锯割

**图 4-11　深缝的锯割**

## 任务四　锯条损坏及产生锯割废品的原因分析

### 一、锯条损坏原因

锯条损坏形式有：锯齿崩裂、锯条折断和锯齿过早磨损等。

#### 1. 锯齿崩裂原因分析

（1）锯割薄板料和薄壁管子时，应选用细齿锯条。

（2）起锯角太大或近起锯用力过大。

（3）锯割时突然加大压力，或快锯断工件时用力过大，都会使锯齿被工件棱边钩住而崩裂。

出现局部锯齿崩裂后应及时用砂轮机将断齿磨光，并把断齿后面三个齿磨斜（如图 4-12 所示）。这样，锯条仍可使用，不会导致断齿后面的齿连续崩裂，只是这几个齿锯割作用微小。

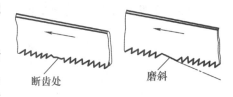

**图 4-12　锯齿崩裂的处理**

#### 2. 锯条折断原因分析

（1）锯条过松或过紧。

（2）工件未夹紧，导致锯割时工件抖动或松动。

（3）锯割时压力过大或锯割时突然加大推力。

（4）原本锯割行程短，锯条中间磨损后又突然加大锯割行程，使锯条被锯缝卡住而折断锯条。

（5）更换新锯条被原锯缝卡住。此时应缓慢将锯条退出，从原锯缝上段来回空锯割并逐渐下移至原锯缝底（空锯割过程使原锯缝变宽），再锯割时，可转动方向再锯割。

（6）锯割时手锯碰撞台虎钳或工件引起锯弓歪斜导致锯条折断；或锯缝歪斜时强行拉正，使锯条扭曲过甚而折断。

#### 3. 锯条过早磨损原因分析

（1）锯割速度过快，使锯条过度发热导致锯齿磨损加剧。

（2）锯割硬材料时没有使用冷却液，导致锯条过度发热。

（3）用粗齿锯条锯割硬材料易使锯齿磨损。这是因为粗齿锯条单齿锯割深度大导致磨损加快。

## 二、锯割废品产生原因分析

（1）尺寸缩小。原因是划线太粗，精度不高，或在划出的线内侧锯割。

（2）锯缝歪斜过多，超出了要求的范围，其原因是：

① 工件装夹时未使锯缝线处于铅垂方向。

② 锯条安装太松或与锯条扭曲。

③ 锯齿两面磨损不均匀。

④ 锯割力过大使锯条左右偏摆，或锯弓无法摆正导致锯割歪斜。

（3）工件表面损坏，原因是起锯时滑出，损伤工件表面。

（4）锯割面不平整，其原因是运锯时没有保持锯条始终位于或平行于锯割线所在的平面。

## 习 题

1. 锯条是用什么材料制成的？其规格如何表示？常用手锯有哪些规格？如何选择？

2. 什么是锯路？其作用是什么？

3. 锯条的前角、后角和楔角各为多少度？锯条反装后对锯割有何影响？

4. 为什么锯条不可装得太紧或太松？

5. 起锯方式有几种？起锯角分别为多少？

6. 锯管子及锯薄板料为什么易断齿？如何防止断齿？

7. 试分析锯条折断的原因。

8. 锯口锯割得平整的关键是什么？

钢棒料锯割的工件图如图 X4-1 所示。

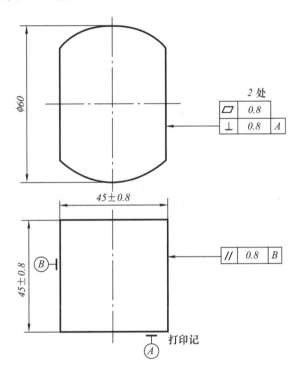

| 工件名称 | 材料 | 材料来源及尺寸 | 下道工序 | 件数 | 工时/h |
|---|---|---|---|---|---|
| 锯割钢件 | 35 钢 | 备料φ60×55（车） | — | 1 | 6 |

图 X4-1　锯割钢件工件图

## 一、训练要求

（1）锯条安装合理，锯割姿势正确。

（2）初步掌握钢棒料的锯割方法。

## 二、使用的刀具、量具和辅助工具

手锯、钢直尺、直角尺、游标卡尺、塞尺、平台、V 形铁、划针盘等。

## 三、训练步骤

（1）检查棒料尺寸。在棒料圆柱面上划锯割线，两锯割线间距为 45。

（2）锯割 A 面。为保证锯割面与棒料轴线垂直，棒料放置水平并装夹牢固，锯割线位于钳口左侧面外 5~10mm。握持锯弓时，应使锯弓中心平面位于铅垂平面内，连续锯割至断开。要求使锯割

面 $A$ 达到平面度为 0.8，对棒料圆柱素线垂直度为 0.8。

（3）锯割 $A$ 的对应面。要求达到平面度为 0.8，尺寸为 45±0.8。

（4）锯割 $B$ 面。划 $B$ 面加工线，锯割使之达到平面度为 0.8，对 $A$ 面垂直度为 0.8，与最远的圆柱素线的距离为 50±0.8。为保证锯割精度，棒料要装夹牢固并使轴线位于铅垂平面内。锯割时，要保持锯弓中心平面亦在铅垂平面内。

（5）锯割 $B$ 的对应面。按尺寸 45 划该面加工线。要求达到平面度为 0.8，对 $A$ 面垂直度为 0.8，对 $B$ 面平行度为 0.8，尺寸为 45±0.8。

## 四、注意事项

（1）锯条安装松紧适度，防止锯条折断伤人。

（2）锯割时双手压力适当，不可突然加大压力，否则锯齿易被工件棱边勾住而崩裂。

（3）锯割时发现偏斜要及时纠正。

## 实训二　管子锯割训练

管子锯割工件图如图 X4-2 所示。

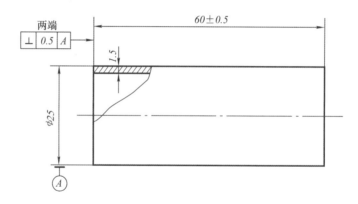

| 工件名称 | 材料 | 材料来源及尺寸 | 下道工序 | 件数 | 工时/h |
|---|---|---|---|---|---|
| 锯割钢件 | Q235 | 备料ϕ25×60×1.6 | — | 2 | 2 |

图 X4-2　管子锯割工件图

## 一、训练要求

掌握管子锯割的方法。

## 二、使用的刀具、量具和辅助工具

手锯、细齿锯条、两块 V 形木块、直尺、划针等。

## 三、训练步骤

用 V 形木块将钢管夹持在台虎钳上。选用细齿锯条，采用直线运动锯割法，当锯条锯割至内壁时退出锯条，钢管向外转动一个角度再夹紧，紧接前锯缝锯割。如此边转动边锯割，直到全部锯割完成。此时若有少许内壁未锯透，可用手将钢管扭折断开。

## 四、注意事项

（1）当锯条锯割到薄壁管内壁时压力要轻，否则易崩齿。若锯条崩齿，可在崩齿处局部修磨，修磨后锯条仍可使用。

（2）可采用简易划线法划锯割线。

# 实训三　薄板锯割训练

锯割薄板的工件图如图 X4-3 所示。

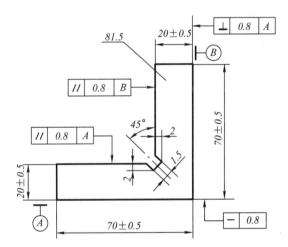

| 工件名称 | 材料 | 材料来源及尺寸 | 下道工序 | 件数 | 工时/h |
|---|---|---|---|---|---|
| 角板 | Q235 5 | 备料 88×88×1.5 | — | 1 | 2.5 |

图 X4-3 锯割薄板的工件图

## 一、训练要求

掌握薄板的锯割方法。

## 二、使用的刀具、量具和辅助工具

手锯、细齿锯条、直尺、两块厚 15～20mm 的硬木板、划针等。

## 三、训练步骤

（1）检查工件坯料尺寸。分配锯割余量，划 A 边加工线。

（2）锯割 A 边。装夹板料，使锯割线位于钳口面上约 0.5，锯割余料在上。用细齿锯条，手锯作横向斜推锯，以增大锯割面防崩齿。要求达到直线度为 0.8。

（3）锯割 B 边。以 A 边为基准，用直角尺划 B 边加工线。锯割 B 边，使之达到对 A 面垂直度为 0.8。

（4）锯割 A 的对应边。划该边加工线，锯割使之达到对 A 边平行度为 0.8，尺寸 $20\pm0.5$。

（5）锯割 B 的对应边。划该边加工线，锯割使之达到对 B 边平行度为 0.8，尺寸 $20\pm0.5$。

（6）锯割两短边。划线、锯割使之达到尺寸为 $70\pm0.5$。

## 四、注意事项

（1）横向斜推锯，压力不宜大，推锯速度稍慢。锯弓倾斜度视板厚度而定，锯割薄板时应加大倾斜度。

（2）对较薄的板料，可将锯条倒装进行推锯。

# 实训四 深缝锯割训练

深缝锯割工件图如图 X4-4 所示。

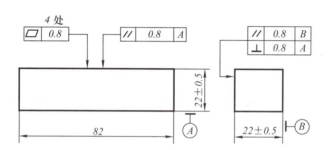

| 工件名称 | 材料 | 材料来源及尺寸 | 下道工序 | 件数 | 工时/h |
| --- | --- | --- | --- | --- | --- |
| 长条方钢 | 35 钢 | 备料 36×82 | — | 1 | 8 |

**图 X4-4　锯割钢件工件图**

## 一、训练要求

掌握深缝锯割的方法，要求锯痕平整。

## 二、使用的刀具、量具和辅助工具

手锯、钢尺、直角尺、游标卡尺、木制 V 形块等。

## 三、训练步骤

（1）检查备料尺寸，划出 A 面和与 A 面相对的平面的加工线。

（2）锯割 A 面，使之达到平面度为 0.8，与最远的圆柱素线的距离为 29。

（3）锯割 A 面对应面，使之达到平面度为 0.8，对 A 面平行度为 0.8，尺寸为 $22\pm0.5$。

（4）锯割 B 面。划 B 面和与 B 面相对的平面的加工线。锯割 B 面，使之达到平面度为 0.8，对

*A* 面垂直度为 0.8。

（5）锯割 *B* 面对应面，使之达到平面度为 0.8，对 B 面平行度为 0.8，尺寸为 22±0.5。

（6）去毛刺、送验。

## 四、注意事项

（1）夹持工件要保持工件轴线在铅垂方向，锯条选用中齿为宜。采用远起锯时应注意的锯割线位置。

（2）锯割时，应保持锯割在钳口附近进行，防止松动或使工件夹持变位。可通过调整工件夹持位置达到要求。

（3）锯割过程中，应时刻注意锯缝是否平直，应使锯缝紧贴划出的加工线（保留该线）。为了保证尺寸 22±0.5 的精度，划锯割线应细而清晰。一旦发现锯缝偏斜时，应及时纠正（一边使锯条轻微扭向或背向锯割线，一边锯割，当达到锯割线位置后，仍应使锯条恢复平直状态）。

（4）锯割时可加些机油以冷却和润滑锯条，减少摩擦，达到减少锯割阻力和提高锯条使用寿命的目的。

# 项目五
# 锉　削

　　本项目讲述了锉削的基本知识，从锉刀的基础操作到复杂锉削技巧的掌握，内容全面且系统，使学生能够逐步构建对锉削技术的认知。此外，本项目精心设计了多项实训环节，包括锉削平面、四方体、六角体及曲面体的训练，旨在通过实践操作，进一步巩固并提升学生的锉削技艺。

## 任务一　锉　刀

锉削是用锉刀对工件表面进行切削加工使其达到所要求的尺寸、形状、位置和表面粗糙度的一种加工方法。其加工精度最高可达 0.01mm，表面粗糙度最高可达 $R_a 1.6\mu m$。

锉削应用范围广泛，可加工工件的外表面、内表面、孔、沟槽及各种复杂表面，也可在装配或维修中修配零件。锉削是钳工常用的操作之一。

锉刀是锉削工具，普通锉刀又称为钳工锉，通常用碳素工具钢 T13 或 T12 制成，经淬火处理，硬度达 HRC62～67，是一种标准化工具。

锉刀的规格，一般用锉刀有齿部分的长度来表示，如 100、150、200 和 300 等多种规格（见表 5-1）。其中，$L$ 表示刀齿部分的长度，$b$ 表示刀齿部分的宽度，$\delta$ 表示刀齿部分的厚度，$d$ 表示圆锉刀齿部分的直径。

表 5-1　钳工锉的基本尺寸

| 规格/mm | 扁锉<br>（尖头，齐头） | | | 半圆锉 | | | 三角锉 | 方锉 | 圆锉 |
|---|---|---|---|---|---|---|---|---|---|
| | | | | | 薄型 | 厚型 | | | |
| $L$ | $b$ | $\delta$ | | $b$ | $\delta$ | $\delta$ | $b$ | $b$ | $d$ |
| 100 | 12 | 2.5（30） | | 12 | 3.5 | 4.0 | 8.0 | 3.5 | 3.5 |
| 125 | 14 | 3.0（3.5） | | 14 | 4.0 | 4.5 | 9.5 | 4.5 | 4.5 |
| 150 | 16 | 3.5（4.0） | | 16 | 4.5 | 5.0 | 11.0 | 5.5 | 5.5 |
| 200 | 20 | 4.5（5.0） | | 20 | 5.5 | 6.5 | 13.0 | 7.0 | 7.0 |
| 250 | 24 | 5.5 | | 24 | 7.0 | 8.0 | 16.0 | 9.0 | 9.0 |
| 300 | 28 | 6.5 | | 28 | 8.0 | 9.0 | 19.0 | 11.0 | 11.0 |
| 350 | 32 | 7.5 | | 32 | 9.0 | 10.0 | 22.0 | 14.0 | 14.0 |
| 400 | 36 | 8.5 | | 36 | 10.0 | 11.5 | 26.0 | 18.0 | 18.0 |
| 450 | 40 | 9.5 | | — | — | — | | 22.0 | — |

### 一、锉刀的构造

锉刀由锉身和锉柄两部分组成。锉刀的构造和各部分名称如图 5-1 所示。

#### 1. 锉刀面

锉刀上下两个面是锉刀面，面上有锉齿，便于锉削，为锉削主要工作面。锉刀面纵身方向做成凸弧形，其作用是抵消锉削时由于双手上下摆动而产生的中凸现象，能锉平工件。

#### 2. 锉刀边

锉刀的窄边分为无齿边（又称光边）和有齿边两种。在锉削内直角形时，锉刀的无齿边靠在已加工面上锉削另一个面，不擦伤已加工表面。有齿边上的锉齿纹称为边锉纹。

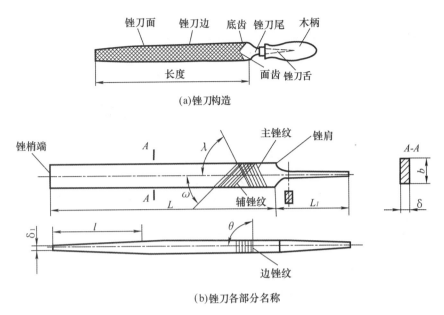

(a)锉刀构造

(b)锉刀各部分名称

图5-1　锉刀的构造及各部分名称

### 3. 锉刀舌

锉刀尾部的尖细部分称锉刀舌，用于安装木柄，不做淬硬处理。

### 4. 锉齿和齿纹

锉齿齿型因其成形方法不同分为铣齿和剁齿两种。用铣齿法铣成的锉齿，其切削角 $\delta$ 小于 $90°$，如图5-2（a）所示。用剁齿法剁成的锉齿，其切削角 $\delta$ 大于 $90°$，如图5-2（b）所示。锉削时锉齿就像若干錾子，对金属材料进行切削加工。

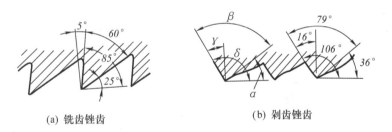

(a) 铣齿锉齿　　　　　　　(b) 剁齿锉齿

图5-2　锉齿的切削角度

齿纹分单齿纹和双齿纹两种。单齿纹用铣齿法制成，为单方向齿纹。用单齿纹锉刀锉削时，全齿宽参加切削，因而切削比较费力，只适于锉削铝、镁等软金属。其特点是齿距宽，容屑空间大，易于排屑；切削量大，效率比较高。双齿纹大多为剁齿制成，浅的齿纹先剁，叫底齿纹（又称辅锉纹）；深的齿纹后剁，叫面齿纹（又称主锉纹）。主（辅）锉纹与锉刀中心线夹角称为主（辅）锉纹斜角，用 $\lambda$（$\omega$）表示。边锉纹与锉刀中心线夹角称为边锉纹斜角，用 $\theta$ 表示如图5-1（b）所示。钳工锉的 $\lambda$、$\omega$ 和 $\theta$ 见表5-2。

面齿纹和底齿纹互相交叉倾斜排列，使锉痕不会重叠，锉出来的表面比较光滑。由于两齿纹交叉，使锉齿间断，因而切屑是碎断的，锉削省力；且锉齿强度高，适于锉削硬材料。

锉齿粗细用锉纹号表示，按每 10mm 轴向长度内面齿纹条数来划分，共分5种，分为1～5号，见表5-2。

表 5-2　钳工锉的锉纹参数

| 规格/mm | 锉纹号 | | | | | 辅锉纹条数 | 边锉纹条数 | 主锉纹斜角 λ | | 辅锉纹斜角 ω | | 边锉纹斜角 θ |
|---|---|---|---|---|---|---|---|---|---|---|---|---|
| | 1 | 2 | 3 | 4 | 5 | | | 1~3 号锉纹 | 4~5 号锉纹 | 1~3 号锉纹 | 4~5 号锉纹 | |
| | 主锉纹条数 | | | | | | | | | | | |
| 100 | 14 | 20 | 28 | 40 | 56 | 为主锉纹条数的 75%~95% | 为主锉纹条数的 100%~120% | 60° | 72° | 45° | 52° | 90° |
| 125 | 12 | 18 | 25 | 36 | 50 | | | | | | | |
| 150 | 11 | 16 | 22 | 32 | 45 | | | | | | | |
| 200 | 10 | 14 | 20 | 28 | 40 | | | | | | | |
| 250 | 9 | 12 | 18 | 25 | 36 | | | | | | | |
| 300 | 8 | 11 | 16 | 22 | 32 | | | | | | | |
| 350 | 7 | 10 | 14 | 20 | — | | | | | | | |
| 400 | 6 | 9 | 12 | — | — | | | | | | | |
| 450 | 5.5 | 8 | 11 | — | — | | | | | | | |
| 公差 | ±5%（其公差值不足 0.5 条时可取整为 0.5 条） | | | | | ±8% | ±20% | ±5° | | | | ±10° |

注：1 号——粗锉刀；2 号——中粗锉刀；3 号——细锉刀；4 号——双细锉刀；5 号——油光锉刀。

锉齿前角分为两种：当主锉纹条数不大于 28 条时，前角不大于 -10°；当主锉纹条数等于或大于 28 条时，前角不大于 -14°。

齿高不应小于其齿纹法向齿距的 45%。

## 二、锉刀的种类及选择

### 1. 锉刀的种类

锉刀分为普通锉、特种锉和整形锉三类。

普通锉又称钳工锉，如图 5-3（a）所示，按其截面形状可分为平锉（板锉）、方锉、三角锉、半圆锉和圆锉等。

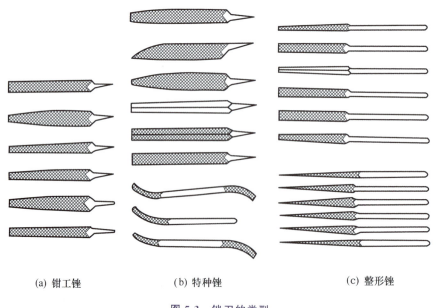

(a) 钳工锉　　　　　(b) 特种锉　　　　　(c) 整形锉

图 5-3　锉刀的类型

特种锉又称异形锉，如图 5-3（b）所示，按其截面形状可分为刀口锉、菱形锉、扁三角锉、椭圆锉和圆肚锉等。特种锉用于锉削异形的表面。

整形锉又叫什锦锉，如图 5-3（c）所示，主要用于修整工件上的细小部分，通常以每组 5 把、6 把、8 把、10 把或 12 把为一套。

锉刀的横截面形状如图 5-4 所示。

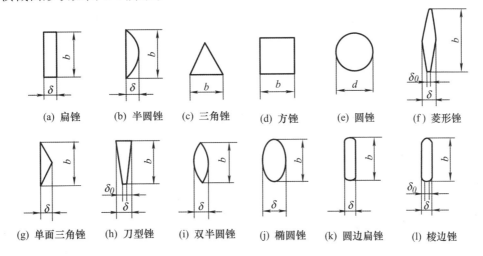

(a) 扁锉　　(b) 半圆锉　　(c) 三角锉　　(d) 方锉　　(e) 圆锉　　(f) 菱形锉

(g) 单面三角锉　　(h) 刀型锉　　(i) 双半圆锉　　(j) 椭圆锉　　(k) 圆边扁锉　　(l) 棱边锉

图 5-4　锉刀的横截面形状

## 2. 锉刀的选择

选择锉刀，要根据加工对象的具体情况来考虑。

（1）锉刀截面形状选择，应使其和工件形状相适应（如图 5-5 所示）。

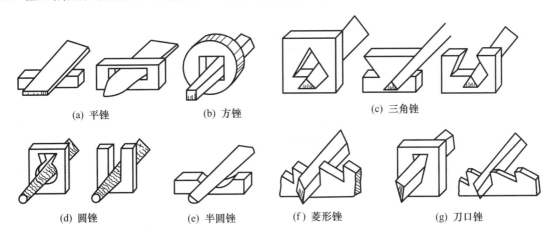

(a) 平锉　　(b) 方锉　　(c) 三角锉

(d) 圆锉　　(e) 半圆锉　　(f) 菱形锉　　(g) 刀口锉

图 5-5　不同加工表面使用的锉刀

（2）锉刀粗细的选择取决于工件的加工余量、加工精度、表面粗糙度和工件材料的硬软等。一般来说，粗齿锉刀用来锉削加工余量大、精度等级低、表面粗糙而材料较软（如铝、铜）的工件，而细齿锉刀则用于锉削加工余量小、精度等级高、表面粗糙度低而材料较硬（如钢、铸铁等）的工件。油光锉刀用于最后修光工件表面。

选择锉刀粗细规格可参考表 5-3。

表 5-3　按加工精度选择锉刀

| 锉刀 | 适用场合 | | |
|---|---|---|---|
| | 加工余量/mm | 尺寸精度/mm | 表面粗糙度/$\mu$m |
| 粗齿锉刀 | 0.50～1 | 0.20～0.50 | $R_a100～25$ |
| 中齿锉刀 | 0.20～0.50 | 0.05～0.20 | $R_a12.5～6.3$ |
| 细齿锉刀 | 0.05～0.20 | 0.01～0.05 | $R_a6.3～3.2$ |
| 油光锉刀 | 0.025～0.05 | 0.005～0.01 | $R_a3.2～1.6$ |

锉刀选用不当，会使其效能得不到充分发挥，使用寿命降低，使得锉削质量得不到保证和加工效率降低，所以使用前应认真选择。

### 3. 锉刀的编号

根据 GB 5809—86 规定，锉刀编号的组成顺序为：类别代号-型式代号-规格-锉纹号。其中类别和型式及其代号见表 5-4。

表 5-4　锉刀的类别与型式代号

| 类别 | 类别代号 | 型式代号 | 型式 | 类别 | 类别代号 | 型式代号 | 型式 |
|---|---|---|---|---|---|---|---|
| 普通锉 | Q | 01 | 齐头扁锉 | 整形锉 | Z | | |
| | | 02 | 尖头扁锉 | | | 01 | 齐头扁锉 |
| | | 03 | 半圆锉 | | | 02 | 尖头扁锉 |
| | | 04 | 三角锉 | | | 03 | 半圆锉 |
| | | 05 | 方锉 | | | 04 | 三角锉 |
| | | 06 | 圆锉 | | | 05 | 方锉 |
| 特种锉 | Y | 01 | 齐头扁锉 | | | 06 | 圆锉 |
| | | 02 | 尖头扁锉 | | | 07 | 单面三角锉 |
| | | 03 | 半圆锉 | | | 08 | 刀形锉 |
| | | 04 | 三角锉 | | | 09 | 双半圆锉 |
| | | 05 | 方锉 | | | 10 | 椭圆锉 |
| | | 06 | 圆锉 | | | 11 | 圆边扁锉 |
| | | 07 | 单面三角锉 | | | 12 | 菱形锉 |
| | | 08 | 刀形锉 | | | | |
| | | 09 | 双半圆锉 | | | | |
| | | 10 | 椭圆锉 | | | | |

例如：

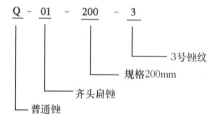

### 三、锉刀手柄的装卸

普通锉必须有手柄，手柄通常由硬木或塑料制成。手柄安装孔深度和直径适当，孔深以能使锉刀舌自由插入柄长的 1/2 为宜。装入手柄时，可手持锉刀轻轻镦紧，或用手锤轻轻打击木柄，使锉刀舌插入长度约为手柄的 3/4 即可，如图 5-6（a）所示。为防止木柄镦裂，应在木柄有孔一端圆柱部分套一铁箍。拆卸木柄时，将木柄轻轻撞击台虎钳钳口，就可以撞松木柄后取下，如图 5-6（b）所示。

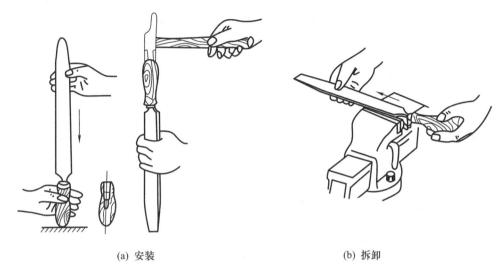

(a) 安装　　　　　　　　　　　　　　　(b) 拆卸

图 5-6　锉刀柄的安装与拆卸

## 四、锉刀的使用与保管

在使用和保管锉刀时必须遵守以下规则：

（1）锉刀不可沾水或油，否则会生锈或锉削时打滑。

（2）锉刀不可锉削工件的淬火表面或毛坯件硬皮表面。对后者通常先用錾子去硬皮层后锉削。

（3）充分利用锉刀的有效长度，防止局部磨损。锉刀应先使用一面，直到用钝后再用另一面，这样可延长使用寿命。

（4）在使用中，要及时地用钢丝刷顺齿纹方向去除齿槽内的金属切屑，以提高锉削效率和锉削质量。

（5）不能使用无柄或破柄锉刀，防止伤手。不能将锉刀当手锤或撬杠使用，避免损坏锉刀或锉刀断裂后伤人。锉刀柄要装紧，以免脱落后锉刀舌伤人。

（6）在钳台上放置锉刀时不可将其一端伸出钳台外，防止碰落锉刀伤脚。锉刀不可叠放，防止损坏锉齿。

（7）使用整形锉用力要均匀，以免折断锉刀。

 　任务二　**锉削方法**

锉　削

## 一、锉刀的握法

正确握持锉刀有助于锉削力的充分运用，提高工件的锉削质量和减轻人员疲劳。不同大小和形状的锉刀，握持方法有所不同。

### 1. 较大锉刀的握法

规格尺寸大于 250mm 的较大锉刀，要用右手紧握木柄，木柄端抵在拇指根部的手掌上，大拇指放在木柄上部，其余手指从下而上地握住木柄，如图 5-7（a）所示。左手以拇指根部肌肉压在锉刀头上，拇指自然分开，其余四指弯曲，用中指和无名指控住锉刀前端，如图 5-7（b）所示，左手的握法还有多种。当右手握住木柄，左手协同右手使锉刀保持平衡，如图 5-7（c）所示。

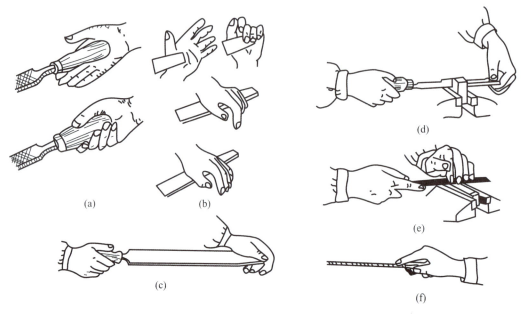

图 5-7　锉刀的握法

### 2. 中、小型锉刀的握法

规格尺寸为 200mm 左右的中型锉刀，右手握法与较大锉刀相同，左手只需要大拇指、食指和中指轻轻扶持在锉刀前端即可，如图 5-7（d）所示；规格尺寸为 150mm 左右的小型锉刀，右手大拇指和食指夹持木柄，其余三指弯曲向上将木柄握于手掌中，握持较松；而左手只需用大拇指和食指控住锉刀前端上下两面即可，或者大拇指轻靠食指，其余四指轻置于锉刀前端上面，协同右手保持锉刀平衡，如图 5-7（e）所示。规格尺寸小于 150mm 的小锉刀，只需用右手握持即可，如图 5-7（f）所示。

## 二、锉削姿势和动作要领

在钳台上锉削，人的双脚站立位置和姿势与锯削相同，右腿伸直，左腿微弯，身体略向前倾，重心落在左脚上，左膝随锉削往复运动而屈伸。

未锉削时，人体前倾 10°左右，右肘尽量向后收缩。锉削前 1/3 行程时，人体逐渐前倾至 15°左右，左膝稍弯。锉削到 2/3 行程时，人体继续前倾至 18°左右。锉削到行程结束时，右肘继续向前推进锉刀，而人体自然退回到 15°左右位置。锉削回程时，将锉刀略为提起，使身体和手回复到开始的姿势。如此反复进行锉削。

锉削速度一般在 40 次/min，推进时慢，回程时快，动作自然、协调。锉削时，右手压力随锉刀推进由小变大，左手压力则相反。双手相互配合，保证锉刀在推进过程中平稳，不允许上下摆动，这样才能保证锉削表面平直，这也是锉削的关键。初学者一定要认真体会，使动作协调自然，养成良好的锉削习惯。

## 三、工件的装夹

锉削时工件的装夹和錾削时工件的装夹相似,应注意以下几点:

(1)工件尽量装夹在钳口宽度方向的中间,且锉削面应靠近钳口,防止振动影响锉削质量。

(2)装夹力适当,保证工件夹持稳固又不变形。

(3)装夹精密工件和已加工表面时,应在钳口两面衬上紫铜皮或铝皮,防止夹伤表面。

## 四、平面锉削

### 1. 平面锉削方法

锉削平面通常有顺向锉、交叉锉和推锉三种锉法。

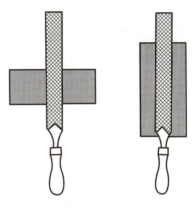

(1)顺向锉。锉刀的运动方向与工件夹持方向始终保持一致(顺着同一方向)的锉削方法称为顺向锉(如图5-8所示)。錾削不大的平面和最后精锉都用这种方法。其特点是锉痕正直,整齐美观。

(2)交叉锉。锉刀从两个交叉的方向对工件表面进行锉削的方法称为交叉锉(如图5-9所示)。交叉锉时,锉刀与工件接触面大,锉削过程平稳,而且能从锉痕上判断锉削面的凹凸情况,因此容易锉平,但表面比较粗糙。所以,交叉锉宜作粗锉用,最后用顺锉法精锉。

图 5-8 顺向锉

不管是交叉锉还是顺向锉,一般每次退回锉刀时要向旁边略为移动,以使整个加工面都能得到均匀的锉削(如图5-10所示)。

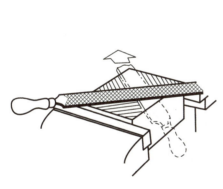

图 5-9 交叉锉

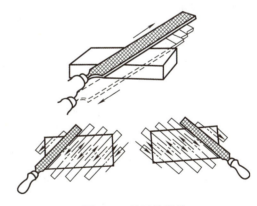

图 5-10 锉刀的移动

(3)推锉。两手对称地握住锉刀,用两个大拇指均衡地用力推着锉刀进行锉削的方法称为推锉(如图5-11所示)。一般在锉削狭长平面或锉刀推进受阻时采用推锉。由于不能充分利用锉刀锉削,因此锉削效率不高。推锉只适用于锉削余量小的或局部修锉的工件。

### 2. 锉削平面的检验

通常用透光法来检验锉削平面的平面度。具体方法是:用刀口形直尺沿加工面的纵向、横向和对角方向做检查,根据刀口形直尺和被测平面间透光强弱和是否均匀来判断其平面度(如图5-12所示)。若透光微弱且均匀,表明表面已较平直;若透光强弱不一,表明表面不平整,透光强处较低,透光弱处较高。

检查时应将刀口形直尺和被测平面擦干净,变动测量位置时应将刀口形直尺提起,再轻放到新的检验位置,避免刀口形直尺磨损。

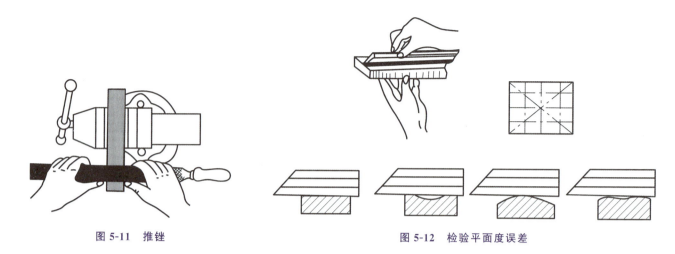

图 5-11　推锉　　　　　　　　图 5-12　检验平面度误差

### 3. 锉平的要领

（1）锉削面应置水平位置且靠近钳口。

（2）保持正确的锉削姿势和遵照动作要领最为关键。同时注意端平锉刀，使锉刀面在水平面内推进锉削。为此，台虎钳与操作者的手肘靠近为宜，如不合适，应调节两脚站立位置和两腿曲直状态来调节手肘高度，保证锉刀水平推进。

（3）锉削平面时，可先采用交叉锉进行粗加工，后用顺向锉精加工。

（4）在锉削过程中，使用透光法检查锉削面的凹凸情况，便于有针对性地锉削。

## 五、曲面锉削

### 1. 外圆弧面的锉法

利用板锉刀来锉削外圆弧面，其锉削运动有两个，即锉刀作推进运动的同时，还绕工件圆弧中心转动，两者互相配合。其锉削方法通常有两种：

（1）顺向滚锉法。如图 5-13（a）所示，锉削开始时，用左手将锉刀头部置于工件左侧，右手握木柄抬高，接着右手下压并推进锉刀，左手随着上提但仍施加压力，如此反复，直到圆弧面形成。这样锉出的圆弧不会出现棱边，圆弧面光洁圆滑，故适用于精锉。用这种方法锉削时，由于锉削力量不易发挥，故效率不高。圆弧面需要用样板进行检查。

（2）横向滚锉法。如图 5-13（b）所示，锉刀沿

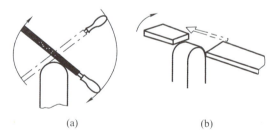

(a)　　　　　　(b)

图 5-13　外圆弧面的锉法

圆弧面轴线方向推进的同时，锉刀沿圆弧面摆动。此法锉削效率高，可按所划弧线锉成近似圆弧面的多棱形面，故多用于圆弧面的粗加工，其后再用顺向滚锉法进行精加工。

### 2. 内圆弧面的锉法

锉削内圆弧面使用的锉刀有圆锉（适用于圆弧半径较小时）和半圆锉（适用于圆弧半径较大时）。锉削时锉刀要同时完成三个运动：

（1）前进运动，沿圆弧面轴向全程切削。

（2）沿圆弧面向左或向右移动半个至一个锉刀直径，以避免加工表面出现棱角。

（3）绕锉刀中心轴线的转动（约 $90°$）。

如果锉刀仅做前进运动，则只能将圆弧面锉成凹形坑，如图 5-14（a）所示。如果锉刀仅做前进运动及左（右）移动而无自身转动，则锉刀沿圆弧切线方向运动，那么将锉出多个棱状的圆弧面，如图 5-14（b）所示。只有三个运动同时进行，才能得到圆滑的圆弧面，如图 5-14（c）所示。

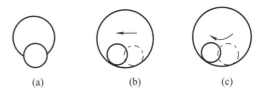

图 5-14　内圆弧面的锉法

## 任务三　锉削举例分析

### 一、直角面的锉削

图 5-15 所示为 L 形工件，假定该工件已完成全部粗加工，现需要锉削 A、B、C、D 四个平面达到图纸要求的精度。

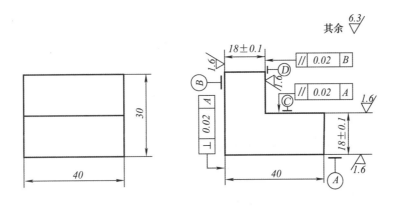

| 工件名称 | 材料 | 工件来源及尺寸 | 下道工序 | 件数 | 工时/h |
|---|---|---|---|---|---|
| 直角体 | 35 钢 | 备料 42×32×40 | — | 1 | 6 |

图 5-15　直角面的锉削

（1）先检查各部分尺寸，确定各加工面的加工余量，并从四个平面中找出最先加工的平面，将该平面作为加工其余平面的基准面。通常选择外表面中比较大的或长的平面作为基准平面。此例中 A 面为最先加工面。

（2）锉削 A 平面。A 面作为基准面，要求较高。考虑到后锉削的 B 面对 A 面之垂直度为 0.02，而再后锉削的 C 面和 A 面之平行度亦为 0.02，故 A 面的平面度应小于 0.02 才能满足 A 面作为基准的要求。用透光法检验 A 面的平直，最后用塞尺和刀口形直尺确定其平面度误差。

（3）锉削 B 面。用 90°角尺以透光法来检验 B 面。这里要强调的是应以角尺短边紧贴基准面 A 面来检验 B 面的垂直度。只有当角尺长边靠在 B 面上其透光微弱且均匀，才算合格。如果透光不均匀，透光弱处则需修整。

（4）锉削平面 C。保证尺寸 18±0.1 和对基准平面 A 的平行度 0.02 的要求。锉削 C 面时，应防止锉刀碰坏 D 面，致使 D 面因加工余量不足而无法锉出。

（5）锉削平面 D。保证尺寸 18±0.1 和对平面 B 平行度 0.02 的要求。锉削 D 面时要加倍小心，不能损伤 C 平面。

从上面可以看出，各平面锉削的先后顺序，总是外表面先锉削，内表面后锉削；大平面先锉削，小平面后锉削；精度要求高的先锉削，精度要求低的后锉削。这样，才能准确地锉削完成所要求的工件。

## 二、锉配

图 5-16 所示为样板镶配件。假定工件板料两表面已加工好，两表面平行度不超过 0.05mm，表面粗糙度 $R_a 3.2 \mu m$。

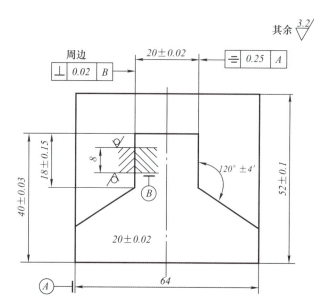

| 工件名称 | 材料 | 材料来源及尺寸 | 下道工序 | 件数 | 工时/h |
|---|---|---|---|---|---|
| 镶配件 | Q235 | 备料 90×66×8 | — | 一对 | 12 |

**图 5-16　锉配样板镶配件**

(1) 检查毛坯尺寸。从镶配件看，理当先锉削凸件，再锉削凹件。

(2) 划凸件外形加工线 64×40，分配各边加工余量。锉底平面及其对应平面，保证尺寸 40±0.03，对 B 面垂直度 0.02，表面粗糙度 $R_a 3.2 \mu m$。

(3) 锉凸件尺寸 64 两侧面，保证对 B 面垂直度 0.02。表面粗糙度 $R_a 3.2 \mu m$。测尺寸 64 的实际偏差 δ。

(4) 锉削凸体 20±0.02 左侧面和斜面。按左边加工线锯割余料，锉削左垂直面，以矩形右侧面为基准测量，保证尺寸为 （64+δ) /2+20/2±0.02，对凸体端平面垂直度 0.05。锉削左斜平面，用万能角度尺（或用样板）检查角度 120°±4′，用高度游标卡尺检查尺寸 18±0.15。保证对 B 面垂直度 0.02，表面粗糙度 $R_a 3.2 \mu m$。

(5) 锉削凸体 20±0.02 右侧面和斜面，锯割余料，锉削右垂直面，用游标卡尺测量尺寸 20±0.02。锉削右斜平面，用万能角度尺（或用样板检查）保证角度 120°±4′，用高度游标卡尺检查尺寸 18±0.15。保证加工面对 B 面垂直度 0.02，表面粗糙度 $R_a 3.2 \mu m$。

(6) 划凹件凹槽加工线，合理分配外形各边加工余量。凹槽底用钻小孔錾削方法，其他边用锯割方法去余料。粗锉削各面，留 0.1～0.2 细锉削余量。

(7) 细锉削凹槽底面，使之对 A 面的垂直度 0.02，表面粗糙度 $R_a 3.2 \mu m$。先锉削凹体 20±0.02 右侧面，后锉削左侧面，达到与凸体配合松紧适当，其配合互换间隙不超过 0.05。

(8) 锉削凹槽两斜面，保证对 B 面垂直度 0.02，表面粗糙度 $R_a 3.2 \mu m$，使之和凸体相配。各接触面配合互换间隙不超过 0.05。

（9）锉削凹体底平面和凸体配合，保证尺寸 52±0.1。

（10）配锉凹体尺寸 64 两侧面。

注意，加工凸体时不可同时锯割去余料，否则凸体难以保证对称度 0.25。只有通过检查尺寸 $(64+\delta)/2+20/2\pm0.02$，保证一侧面（此为左侧面）位置，再由尺寸 20±0.02 保证另一侧面（右侧面）的位置，这样才能保证其对称度达到要求，既准确又快捷。

另外就是要边精锉削边检查边修整。一般留精锉削余量 0.1～0.2，精锉削采用顺向锉方法，这样可以锉得光（表面粗糙度低）。

## 任务四　锉削废品产生原因分析及预防方法

锉削通常作为最后的加工工序，稍不小心，就会使工件报废，所以在锉削过程中除应掌握正确的锉削技术外，还要精心操作，仔细检查，兼顾尺寸公差和形位公差的要求。锉削时产生废品的种类、原因及预防方法见表 5-5。

表 5-5　锉削时产生废品的形式、原因及预防方法

| 废品形式 | 原因 | 预防方法 |
|---|---|---|
| 工件夹坏 | ①台虎钳钳口太硬，将工件表面夹出凹痕；<br>②夹紧力太大，将空心件夹扁；<br>③薄而大的工件未夹好，锉削时工件变形 | ①精加工工件夹紧时应用铜钳口；<br>②夹紧力要恰当，夹薄管最好用弧形木垫；<br>③对薄而大的工件要用辅助工具夹持 |
| 平面中凸 | 锉削时锉刀摇摆 | 加强锉削技术的训练 |
| 工件尺寸太小 | ①划线不正确；<br>②锉刀锉削出加工界线 | ①按图样尺寸正确划线；<br>②锉削时要经常测量，对每次锉削量要心中有数 |
| 表面不光整 | ①锉刀粗细选用不当；<br>②锉屑嵌在锉刀中未及时清除 | ①合理选用锉刀；<br>②经常清除锉屑 |
| 不应锉削的部分被锉削掉 | ①锉削垂直面时未选用光边锉刀；<br>②锉刀打滑锉削到邻近表面 | ①应选用光边锉刀；<br>②注意消除油污等引起锉刀打滑的因素 |

### 习 题

1. 锉刀光边的作用是什么？凸弧形工作面的作用是什么？

2. 锉刀的尺寸规格和锉齿粗细参数是怎样表示的？

3. 为什么双齿纹锉刀面齿纹和底齿纹要倾斜交叉？

4. 怎样按加工对象选择锉刀？

5. 顺向锉、交叉锉和推锉的锉法各有什么优缺点？如何正确选用？

6. 怎样锉削平面工件？如何检查平面度？锉削得不平的原因是什么？

7. 怎样锉削得快又准？结合凸凹体锉配的例子说明。

8. 怎样锉削得光整？

9. 使用直角尺检查工件垂直度应注意哪几点？

10. 怎样正确使用和保管锉刀？

## 实训一 锉削平面（锉平和锉光）训练

锉削平面工件图如图 X5-1 所示。

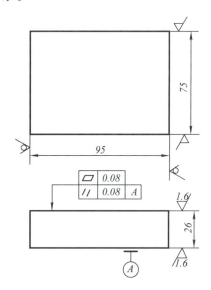

| 工件名称 | 材料 | 工件来源 | 下道工序 | 件数 | 工时/h |
|---|---|---|---|---|---|
| 长方铁 | HT150 | 图 X3－2 转来 | — | 1 | 2.5 |

图 X5-1 锉削平面工件图

### 一、训练要求

（1）初步掌握平面锉削时的站立姿势和握刀方法。

（2）懂得锉削时两手配合操作的方法。

（3）初步掌握顺向锉和交叉锉的锉削方法，正确掌握锉削速度。

（4）初步掌握锉削平整和光滑的方法要领。

（5）初步掌握刀口形直尺和游标卡尺的使用方法。

（6）懂得锉刀的安全使用和保养知识。

### 二、使用的刀具、量具和辅助工具

锉刀、刀口形直尺、游标卡尺、平板、划针盘等。

### 三、训练步骤

按本项目讲述的锉削站立姿势和锉刀握法进行锉削。

（1）锉削基准面 A。划 A 面加工线。使用 Q-01-300-1 锉刀，交替采用顺向锉和交叉锉方法锉削 A 面，锉削去余量 1 左右，使之达到平面度 0.2 的要求。再用细锉刀，锉削去余量 0.2，使之达到平面度 0.18 的要求。用透光法检验。

（2）锉削 A 面的对应面。留 1 左右锉削余量，按等厚尺寸划加工线。重复 A 面锉削过程，使之达到平面度 0.2，对 A 面平行度 0.2。

（3）用 Q-01-250-3 锉刀精锉削 A 面及对应面，采用顺锉法，使之达到平面度0.18、两面平行度0.18、表面粗糙度 $R_a 6.3 \mu m$ 的要求。

（4）两人一组，自检后互检。分析锉削误差的原因。

（5）重复步骤（1）～（4）两次，粗锉削去余量 1mm/次，细锉削去余量 0.2mm/次。每重复一次，粗锉的平面度、平行度精度提高 0.02；精锉的平面度、平行度精度提高 0.01。

（6）第三次重复步骤（1）～（4），使两面达到平面度 0.08、平行度 0.08、尺寸 26 和表面粗糙度 $R_a 1.6 \mu m$。

## 四、平面度的检查方法

用透光法检查平面度时，刀口形直尺要紧贴加工面，沿加工面的纵向、横向和对角方向多处检查。用塞尺塞入透光最强处（即最低凹处）检查平面度误差，最后取检查部位测量的最大值作为测量结果。

改变测量位置时，应将刀口形直尺移开表面，轻放到新测量位置，刀口形直尺不要在工件表面上拖动，否则将磨损刀口形直尺边，降低测量精度。

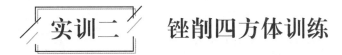

# 实训二　锉削四方体训练

锉削四方体工件图如图 X5-2 所示。

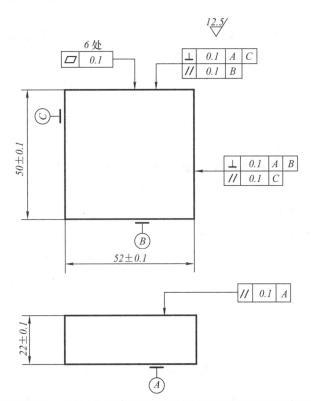

| 工件名称 | 材料 | 材料来源及尺寸 | 下道工序 | 件数 | 工时/h |
|---|---|---|---|---|---|
| 四方体 | HT150 | 备料 58×58×28（铸） | — | 1 | 9 |

图 X5-2　锉削四方体工件图

## 一、训练要求

(1) 掌握平面锉削时的站立姿势和推刀方法。

(2) 掌握锉削时两手配合操作的方法。

(3) 正确掌握锉削速度。

(4) 初步掌握快速精准的锉削方法。

(5) 初步掌握锉削垂直面的方法。

(6) 初步掌握刀口形直尺的使用方法。

(7) 掌握锉刀的安全使用和保养方法。

## 二、使用的刀具、量具和辅助工具

锉刀、刀口形直尺、直角尺、游标卡尺、高度游标卡尺、塞尺、平板、划针盘等。

## 三、训练步骤

按本项目介绍的锉削站立姿势和锉刀握法，使用 Q-01-300-1 锉刀，用顺向锉和交叉锉两种方法进行锉削平面练习。

(1) 锉削基准平面 $A$，交替应用顺向锉和交叉锉两种方法，采用常规的锉削速度，认真领会锉削要领。使 $A$ 面达到平面度 0.1 的要求，熟练使用刀口形直尺进行透光检查。

(2) 锉削 $A$ 面对应面。以 $A$ 面为基准，按尺寸 22 划 $A$ 面对应面的加工线。锉削该面，使该面达到尺寸 $22\pm0.1$、平面度 0.1、对 $A$ 面平行度 0.1。

(3) 锉削基准面 $B$。以 $A$ 面为基准划 $B$ 面加工线。锉削该面后，分别用刀口形直尺和直角尺检查该面，使之达到平面度 0.1、对 $A$ 面垂直度 0.1。

(4) 锉削基准面 $C$。以 $A$ 面为基准，划 $C$ 面加工线。锉削该面后，使之达到平面度 0.1、对 $A$ 和 $B$ 面垂直度 0.1。

(5) 锉削 $B$ 面对应面。以 $B$ 面为基准，按尺寸 52 划该面加工线。锉削该平面后，使之达到尺寸 $52\pm0.1$、平面度 0.1、对 $A$ 和 $C$ 面垂直度 0.1、对 $B$ 面平行度 0.1。

(6) 锉削 $C$ 面对应面。以 $C$ 面为基准，按尺寸 52 划该面加工线。锉削该面后，使之达到尺寸 $52\pm0.1$、平面度 0.1、对 $C$ 面平行度 0.1、对 $A$ 和 $B$ 面垂直度 0.1。

从上述加工过程可见锉削有如下规律：

① 基准选择：大平面或长平面。先锉削基准面。

② 先锉削大平面，后锉削小平面。先大后小的加工方法，锉削更准确。

③ 先锉削平行面，后锉削垂直面。前者可控制尺寸精度，后者可进行平行度和垂直度两项误差的测量比较，以减少积累误差。

④ 要想锉削得快，除了每锉削一次要锉削去尽量多的余量外，更要每锉削一次都锉削得平整，少花时间去整平。

⑤ 要想锉削得准，首先每锉削一次都锉削得平，其次，不仅要做到每锉削一次锉去多少余量心中有数，而且手上能控制好。

## 四、垂直度的检查方法

与检查平面度同样使用透光法，但注意以下几点：

（1）将工件锐边倒棱，保证直角尺的两直角平面能紧贴工件。

（2）将直角尺尺座紧贴工件基准面，使直角尺的测量面与被测量表面接触，放正。检查时，视线与接触面平视。轻轻移动直角尺尺座，以便检查各处垂直情况。同样使用塞尺对透光最强处作塞入检查。

（3）使用活动直角尺检查时，要使用标准角度样板精确取角度，并防止使用过程中角度变动。

（4）改变测量位置时，不可在工件表面上拖动角尺，防止因磨损而降低直角尺本身的精度。

### 五、锉削平面不平的几种状态及其原因分析

（1）平面中凸。这是初学者最常见的问题，原因是锉削时双手用力未能使锉刀在推进过程中保持平衡。锉刀开始推进时，右手用力过大，锉刀前端上抬；推进过半后，左手用力过大，致使锉刀前端下压。这样，锉刀在行进中产生圆弧运动，使锉削表面产生中间高、前后低的状态。

（2）平面横向中凸或中凹。原因是锉刀锉削移动速度不均匀所致。

（3）平面扭曲或塌角。原因是锉削时压力偏于锉刀一侧，或工件装夹不当，或锉刀本身扭曲。

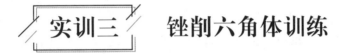

锉削六角体工件图如图 X5-3 所示。

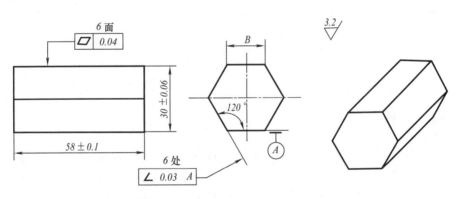

技术要求

1. 30mm 尺寸处，其最大与最小尺寸的差值不得大于 0.06mm。

2. 六角边长 B 应均等，允差 0.1mm。

3. 各锐边均匀倒棱。

| 工件名称 | 材料 | 工件来源及尺寸 | 下道工序 | 件数 | 工时/h |
|---|---|---|---|---|---|
| 六角体 | 35 钢 | 备料$\phi$34±0.5×58（车） | — | 1 | 12 |

图 X5-3　锉削六角体工件图

### 一、训练要求

（1）掌握六角形工件的锉削加工方法，加工后并达到锉削精度。

（2）掌握万能游标量角器（或活动角尺）、刀口形直尺、高度游标卡尺的正确使用。

### 二、使用的刀具、量具和辅助工具

手锯、锉刀、游标卡尺、刀口形直尺、万能游标量角器、高度游标卡尺、塞尺、角度样板、划针盘、V形铁、平板等。

### 三、工艺过程

（1）检查备料尺寸。

（2）划出六角体的锯割线，各平面留锉削余量 0.5～1。

（3）锯割出六角体粗坯。

（4）锉削基准面 $A$。先用 Q-01-300-1 锉刀进行粗锉削，后用 Q-01-250-3 锉刀精锉削，使之达到平面度 0.04、表面粗糙度 $R_a3.2\mu m$，同时保证与对面的距离不小于 30.5。

（5）锉削 $A$ 面的对应面。以 $A$ 面为基准，按尺寸 30 划出该面加工线。粗、精锉削该表面，使之达到尺寸 30±0.06、表面粗糙度 $R_a3.2\mu m$。

（6）锉削第三面（和 $A$ 面相邻）。以 $A$ 面为基准，划 120°角加工线，并保证此线与对面的距离不小于 30.5。粗、精锉削此面，使之达到平面度 0.04、与 $A$ 面倾斜度 0.03、表面粗糙度 $R_a3.2\mu m$，同时保证此面与相对平面的距离不小于 30.5。

（7）锉削第三面对应面。以第三面为基准，按尺寸 30 划出该面加工线。粗、精锉削该表面，使之达到平面度 0.04、尺寸 30±0.06、与 $A$ 面倾斜度 0.03 及表面粗糙度 $R_a3.2\mu m$。

（8）锉削第五面（另一和 $A$ 面相邻的面）。粗、精锉削使之达到平面度 0.04、与 $A$ 面倾斜度 0.03、与对面的距离不小于 30.5 及表面粗糙度 $R_a3.2\mu m$。

（9）锉削第五面对应面。以第五面为基准，按尺寸 30 划该面加工线。粗、精锉削该面，使之达到平面度 0.04、对 $A$ 面倾斜度 0.03、尺寸 30±0.06 及表面粗糙度 $R_a3.2\mu m$。

（10）全面检查尺寸精度、形位精度，必要时进行修整。自检合格，倒棱后送验。

### 四、形体误差分析

（1）六角形边长不等超标。主要原因是各面的位置误差和与相对面间的尺寸误差超标。

（2）六角体的侧面不是矩形。主要原因是该平面不平或该平面与底面不垂直。

（3）六角体扭曲。主要原因是侧面的形位公差超标造成的侧面扭曲所致。

（4）相邻两侧面的夹角不等于120°。该工件是通过与 $A$ 面相邻的两侧面对 $A$ 的倾斜度 0.03 控制夹角120°的。但是实际操作中是用120°角度样板来间接检测和控制倾斜度的，难免有误差。而其他三个侧面又是分别以相邻的侧面为基准来进行测量和控制夹角的，不同加工基准产生的累积误差过大时，就造成了相邻两侧面夹角不等的现象。

### 五、注意事项

（1）锉削姿势正确，运锉平稳，是锉削合格品的基本保证。一定要在训练中时刻注意，养成好习惯。

（2）为保证达到表面粗糙度要求，应经常清除锉刀齿纹间的铁屑。在齿面上涂粉笔灰，有助于降低表面粗糙度值，但收存锉刀前一定要将粉笔灰清除干净，防止吸潮生锈。

（3）锉削过程中，要兼顾锉削面的各项技术要求，不可一味侧重于某项技术要求而使另一项超标。锉削过程中，发现锉削质量问题，要及时分析原因，解决问题。

（4）使用万能游标量角器时，取角度要准确，并且拧紧制动螺钉；轻拿轻放，防止校准的角度发生变动，并随时校准测量角度。测量时先去工件锐边毛刺。

（5）使用样板时，要保证制作的角度样板角边平直，角度准确。

## 实训四　锉削曲面体训练

锉削曲面，工件图如图 X5-4 所示。

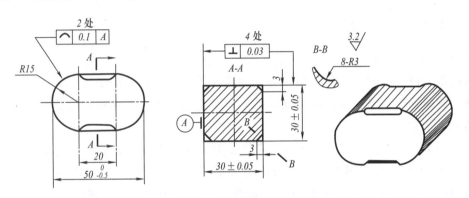

技术要求

1. 尺寸 30 处，其两个方向的误差不大于 0.05。

2. 各锐边均匀倒棱。

| 工件名称 | 材料 | 材料来源 | 下道工序 | 件数 | 工时/h |
|---|---|---|---|---|---|
| 键形体 | HT150 | 备料 | — | 1 | 8 |

图 X5-4　锉削曲面工件图

## 一、训练要求

（1）掌握曲面锉削的方法，做到曲面锉削姿势正确。

（2）掌握曲面锉削操作技能和曲面精度的检验方法。

（3）根据工件的不同几何形状，合理选用锉刀。

（4）正确使用锉刀推锉。

## 二、使用的刀具、量具和辅助工具

普通锉、特种锉、千分尺、刀口形直尺、直角尺、塞尺、划规等。

## 三、工艺过程

（1）圆弧面样板制作。用 1mm 厚的钢板制作 R15 的样板，R15 误差在 0.05 以内。并用塞尺作透光检验。

（2）锉削四方体 30×30 四个面，使之达到对边尺寸 30±0.05（最大与最小尺寸差值不大于0.05）和四面相互垂直度 0.03 的要求。两端面锉平并使之与四面垂直，长度 51。

（3）划两端 $R15$ 圆弧面加工线，4 处尺寸 3 倒角线和 $R3$ 圆弧位置加工线。

（4）用特种锉粗锉削 8-$R3$ 内圆弧面，用小扁平锉粗、精锉削倒角至加工线，再细锉削 $R3$ 圆弧面使之与倒角平面光滑连接，最后用 Y-01-150-3 推锉，锉纹全部为直向，表面粗糙度达到 $Ra3.2\mu m$。

（5）锉削一个圆弧面 $R15$。先用 Q-01-300-1 锉刀，采用横向滚锉法锉削接近加工线外 0.5，再用 Q-01-250-3 锉刀，采用顺向滚锉法精锉。用圆弧样板进行检查，保证圆弧形状精度。使之达到线轮廓度 0.1 和对 A 面垂直度 0.1。

（6）锉削另一端 $R15$ 圆弧面。使之达到尺寸 50、线轮廓度 0.1 和对 A 面垂直度 0.1。

（7）复检全部精度，并作必要的修整，达到图纸要求和各项技术指标。

## 四、注意事项

（1）划线要清晰。

（2）锉削两端大圆弧面时，可先用倒角方法锉至线条处，再用顺向滚锉法，可提高效率。

（3）锉削大圆弧面时，既要注意圆弧面曲线度，又要注意垂直度和横向直线度。滚锉时锉刀摆动要大，方可锉圆，并使之与平面圆滑过渡。

（4）横向锉削 $R3$ 内圆弧面时，工件装夹应使锉削面成水平方向，即使工件的上下两平面相对钳口平面沿工件长方向倾斜 45°。推锉内圆弧面时锉刀要做些转动，防止端部塌角。

（5）精锉削及最后修整，应用顺向锉和顺向滚锉法，使锉纹同向整齐和美观。

# 项目六

# 研　磨

　　本项目专注于深入剖析研磨技术及其应用，覆盖了平面、圆柱面、圆锥面及中心孔的研磨方式。通过系统化的任务划分，学生将循序渐进地掌握研磨的基本原理、各类表面的研磨技巧并应用在实际生产中。此外，本项目还精心设计了研磨剂配制、平面研磨、外圆柱面研磨及内圆锥面研磨等实训环节，旨在通过理论与实践的紧密结合，提升学生的操作技能与解决问题的能力。

## 任务一　研磨概述

用研磨工具（简称研具）和研磨剂从工件表面上磨掉一层极薄的金属，使工件获得精确的尺寸、准确的几何形状和很小的表面粗糙度值的加工方法称为研磨。

研磨是现行机械加工方法中最精密的加工方法。由于研磨加工的切削能力很弱，只有在其他金属切削加工方法不能满足工件的精度和表面质量要求时，才考虑采用研磨。

### 一、研磨原理

#### 1. 研磨的基本原理

研磨加工实际上是物理和化学的综合作用。研磨过程中，磨粒通过研具对工件表面以一定轨迹做极少重复的相对运动，在一定的压力下，磨粒对工件表面进行微量切削和挤压去除微量金属，同时有些研磨剂（研磨膏）的活性物质（如硬脂酸、油酸等）能使加工表面形成氧化膜，又被软质磨料很快被除掉，如此多次反复使工件加工表面获得很高精度的尺寸和很小的表面粗糙度。

#### 2. 研磨余量

研磨的切削量很小，研磨的金属层厚度不超过 0.002mm/次。所以研磨余量不能太大，一般研磨余量在 0.005～0.05mm 范围内比较适合，具体确定应根据工件尺寸大小和精度高低而有所不同。有时，研磨余量就留在工件公差以内。

在一般情况下可参考表 6-1 进行选择。

**表 6-1　研磨余量**

单位：$\mu m$

| 零件形状 | 前工序形式 | 表面粗糙度 $R_a$ | 研磨余量 | 研磨后表面粗糙度 $R_a$ | 说　明 |
|---|---|---|---|---|---|
| 平面 | 精磨 | 0.8～0.4 | 3～15 | 0.1 | ① 面积小，余量小；<br>② 前工序表面粗糙度低，余量可少 |
| | 刮削 | 1.6～0.8 | 20～30 | | |
| 内圆 | 内孔磨 | 0.8～0.2 | 5～20 | 0.1 | ① 直径小，长度短，余量可少；<br>② 长度越长余量应越多 |
| | 精车 | 1.6 | 20～40 | | |
| | 铰孔 | 3.2～1.6 | 20～50 | | |
| 外圆 | 外圆磨 | 0.8～0.4 | 10～30 | 0.1 | |
| | 精车 | 1.6 | 20～35 | | |

### 二、研具

研具是保证研磨工件几何形状正确的主要因素。因此，对研具的材料有较高的要求。

1. **研具材料**

要使研磨剂中的微小磨料嵌入研具表面，研具的材料必须要比工件软。同时要求研具材料的组织细致均匀，有较高的稳定性和耐磨性。常用的研具材料有以下几种：

（1）灰口铸铁。有良好的润滑性能，磨损较慢，硬度适中，研磨剂在其表面容易涂布均匀，研磨效果好，为价廉易得的材料。

（2）球墨铸铁。比灰口铸铁更容易嵌入磨料，且嵌入得均匀牢固，同时还能延长研具本身的耐用度，因此得到广泛的应用。

（3）软钢。韧性较好，不容易折断。常用来做小型研具，如用于研磨样板、螺纹、小孔及量具测量面的研具。

（4）铜。质地较软，表面易于嵌入磨料，研磨效率高。一般只能用来进行粗研。

2. **研具的类型**

工件的形状不同，研具的类型也就不同，常用的研具类型有研磨平板、研磨环和研磨棒三种。

## 三、研磨剂

研磨剂是由磨料和润滑剂调和而成的混合剂。

1. **磨料**

磨料在研磨中起切削作用。研磨加工的效率、精度和表面粗糙度都与磨料的选用有密切关系。常用的磨料有以下三种：

（1）刚玉类磨料。主要用于碳素工具钢、合金工具钢、高速钢及铸铁工件的研磨，也适用于铜、铝等各种有色金属工件的研磨。

（2）碳化物磨料。硬度高于刚玉类磨料，除用于一般钢铁制件的研磨外，主要用来研磨硬质合金、陶瓷和硬铬等的高硬度工件。

（3）金刚石磨料。金刚石磨料分天然的和人造的两种。它们的切削能力及硬度比刚玉类、碳化物磨料都高，研磨质量也好，但价格高，一般用于精研硬质合金和硬铬材料。

磨料的系列与用途如表 6-2 所示。

表 6-2　磨料的系列与用途

| 系列 | 磨料名称 | 代号 GB 2476—83 | 特性 | 适用范围 |
|---|---|---|---|---|
| 氧化铝系 | 棕刚玉 | GZ（A） | 棕褐色，硬度高，韧性大，价格便宜 | 粗、精研磨钢、铸铁、黄铜 |
| | 白刚玉 | GB（WA） | 白色，硬度比棕刚玉高，韧性比棕刚玉差 | 精研磨淬火钢、高速钢、高碳钢及薄壁零件 |
| | 铬刚玉 | GG（PA） | 玫瑰红或紫红色，韧性比白刚玉高，磨削工件粗糙度低 | 研磨量具、仪表零件及低粗糙度值表面 |
| | 单晶刚玉 | GD（SA） | 淡黄色或白色，硬度和韧性比白刚玉高 | 研磨不锈钢、高钒高速钢等强度高、韧性大的材料 |

| 系列 | 磨料名称 | 代号 GB 2476—83 | 特 性 | 适用范围 |
|---|---|---|---|---|
| 碳化物系 | 黑碳化硅 | TH（C） | 黑色有光泽，硬度比白刚玉高，性脆而锋利，导热性和导电性良好 | 研磨铸铁、黄铜、铝、耐火材料及非金属材料 |
| | 绿碳化硅 | TL（GG） | 绿色，硬度和脆性比黑碳化硅高，具有良好的导热性和导电性 | 研磨硬质合金、硬铬、宝石、陶瓷、玻璃等材料 |
| | 碳化硼 | TP（BC） | 灰黑色，硬度仅次于金刚石，耐磨性好 | 精研磨和抛光硬质合金、人造宝石等硬质材料 |
| 金刚石系 | 人造金刚石 | JR | 无色透明或淡黄色、黄绿色或黑色，硬度比天然金刚石脆，表面较粗糙 | 粗、精研磨硬质合金、人造宝石、半导体等高硬度脆性材料 |
| | 天然金刚石 | JT | 硬度最高，价格高 | |
| 其他 | 氧化铁 | | 红色至暗红色，比氧化铬软 | 精研磨或抛光钢、铁、玻璃等材料 |
| | 氧化铬 | | 深绿色 | |

注：括号内为下届标准要采用的代号。

磨料颗粒的粗细用粒度表示，分磨粒、磨粉和微粉三种，如表 6-3 所示。

表 6-3　磨料粒度

| 组别 | 粒度号 | 磨料颗料尺寸/μm | 组别 | 粒度号 | 磨料颗料尺寸/μm |
|---|---|---|---|---|---|
| 磨粒 | 4# | 5 600～4 750 | 磨粉 | 100# | 150～125 |
| | 5# | 4 750～4 000 | | 120# | 125～106 |
| | 6# | 4 000～3 350 | | 180# | 106～90 |
| | 7# | 3 350～2 800 | | 220# | 90～75 |
| | 8# | 2 800～2 360 | | | 75～63 |
| | 10# | 2 360～2 000 | | 240# | 63～50 |
| | 12# | 2 000～1 700 | | | |
| | 14# | 1 700～1 400 | 微粉 | W63 | 63～50 |
| | 16# | 1 400～1 180 | | W50 | 50～40 |
| | 20# | 1 180～1 000 | | W40 | 40～28 |
| | 22# | 1 000～850 | | W28 | 28～20 |
| | 24# | 850～710 | | W20 | 20～14 |
| | 30# | 710～600 | | W14 | 14～10 |
| | 36# | 600～500 | | W10 | 10～7 |
| | 40# | 500～425 | | W7 | 7～5 |
| | 46# | 425～355 | | W5 | 5～3.5 |
| | 54# | 355～300 | | W3.5 | 3.5～2.5 |
| | 60# | 300～250 | | W2.5 | 2.5～1.5 |
| | 70# | 250～212 | | W1.5 | 1.5～1.0 |
| | 80# | 212～180 | | W1.0 | 1.0～0.5 |
| | 90# | 180～150 | | W0.5 | 0.5 及更细 |

磨粒、磨粉的粒度用号数标注，一般在数字右上角加"♯"。此类磨料的粒度用筛分法测得，粒度号为磨粒、磨粉每英寸筛网面积所通过的筛孔数目。号数越大，磨料越细；号数越小，磨料越粗。

微粉的粒度前加"W"。此类磨料用显微镜分析法测得，数字表示微粉的宽度尺寸，数字大，磨料粗；数字小，磨料细。

研磨所用磨料主要是 $100^{\#}$ 以上的磨粉和微粉，选用时应根据精度高低按表 6-4 选取。

表 6-4　常用研磨粉

| 研磨粉号数 | 研磨加工类别 | 可加工表面粗糙度 $R_a/\mu m$ |
|---|---|---|
| $100^{\#}$，W50 | 用于最初时研磨加工 | |
| W40，W20 | 用于粗研磨加工 | 0.4，0.2 |
| W14，W7 | 用于半精研磨加工 | 0.2，0.1 |
| W5 以下 | 用于精研磨加工 | 0.1 以下 |

### 2. 润滑剂

润滑剂在研磨加工中起调和磨料、冷却和润滑作用。一般要求具备以下条件：

（1）有一定的黏度和稀释能力。磨料通过润滑剂的调和，均布在研具表面以后，与研具表面应有一定的粘附性，研磨工件表面时产生切削作用。

（2）良好的润滑和冷却作用。润滑剂在研磨过程中应起到良好的润滑和冷却作用，使操作省力和不至于研磨过于升温而影响工件精度。

（3）对人健康无害，对工件无腐蚀作用。选用润滑剂时，首先应该考虑不损伤操作者的皮肤和健康，而且易于清洗干净。

研磨用的润滑剂很多，可分为液态润滑剂和固态润滑剂两大类，液态润滑剂有煤油、汽油、机油、工业用甘油和透平油；固态润滑剂有硬脂酸、石蜡、油酸和脂肪酸等。

任务二　平面研磨

研磨分手工研磨和机械研磨两种。对钳工而言，经常采用的是手工研磨。进行手工研磨时，应该正确、合理地选择运动轨迹。

## 一、手工研磨运动轨迹的形式

手工研磨运动的轨迹，有直线、摆动式直线、螺旋形、"8"字形和仿"8"字形等，如图 6-1 所示。

(a) 螺旋形研磨运动轨迹　　　(b) "8"字形和仿"8"字形

图 6-1　手工研磨运动轨迹

## 二、平面研磨

平面研磨一般是在平面非常平整的研磨平板（研具）上进行的。研磨平板分光滑平板和有槽平板（如图 6-2 所示）。粗研时，应该在有槽的平板上进行，易于将工件压平，可防止将研磨面磨成凸弧面。精研时，则应在光滑的平板上进行。

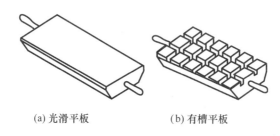

(a) 光滑平板　　　　　(b) 有槽平板

图 6-2　研磨用平板（研具）

### 1. 一般平面研磨

一般平面研磨的方法如图 6-3 所示。工件沿平板表面用"8"字形、仿"8"字形或螺旋形运动轨迹进行研磨。

在研磨过程中，研磨的压力和速度对研磨效率和质量有很大影响。一般研磨时，压力大小应该适中；压力大，研磨切削量大，表面粗糙度大，同时也易因磨料压碎而划伤表面；压力太小则研磨效率低。粗研时宜用 $(1\sim2)\times10^5$ Pa 压力，精研时宜用 $(1\sim5)\times10^4$ Pa 压力。

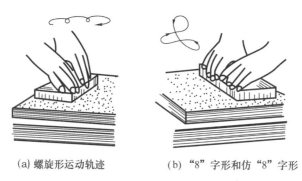

(a) 螺旋形运动轨迹　　　　(b) "8"字形和仿"8"字形

图 6-3　平面研磨

一般研磨时，速度也不应过快。过快会引起工件发热，降低研磨质量。手工粗研约往复 $40\sim60$ 次/min，精研往复 $20\sim40$ 次/min。为了使研磨效果好，可在许可范围内灵活调整压力和速度。为减轻研磨时的推力和提高研磨速度，可加些润滑油和硬脂酸。

### 2. 狭窄平面研磨

在研磨狭窄平面时，可用金属块作导向装置（金属块相邻面应互相垂直），将金属块和工件紧紧靠在一起，并跟工件一起研磨，如图 6-4（a）所示，可防止产生倾斜和圆角，这时宜采用直线研磨运动轨迹。如图 6-4（b）所示，样板直角要研磨成半径为 $R$ 的圆角，则采用摆动式直线研磨运动轨迹。

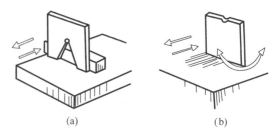

(a)　　　　　　　　(b)

图 6-4　狭窄平面研磨

如果工件数量较多，就可采用螺栓或 C 形夹头将多个工件夹在一起进行研磨的方式，这样可增大接触面，研磨时工件不易歪斜，既可提高效率，又可使加工后的工件尺寸保持一致，如图 6-5 所示。

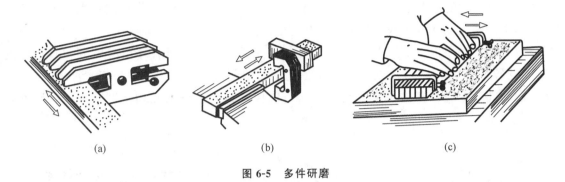

(a)　　　　　　　　(b)　　　　　　　　(c)

**图 6-5　多件研磨**

<table><tr><td>任务三</td><td>圆柱面的研磨</td></tr></table>

## 任务三　圆柱面的研磨

圆柱面的研磨一般以手和机床配合的方法进行研磨，有外圆柱面的研磨和圆柱孔的研磨两种。

### 一、研磨外圆柱面

工件的外圆柱面是用研磨环进行研磨的。研磨环的内径应比工件的外径大 0.025～0.05mm，其结构如图 6-6 所示。当研磨一段时间后，如果研磨环内孔磨大，拧紧调节螺钉 3，可使研磨环孔径缩小，以达到所需间隙，如图 6-6（a）所示。图 6-6（b）所示的研磨环，孔径的调整则靠右侧的螺钉。研磨环的长度一般为孔径的 1～2 倍。

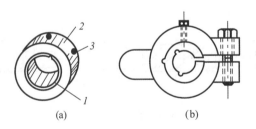

(a)　　　　　　　　(b)

1-开口调花圈　2-外圈　3-调节螺钉

**图 6-6　研磨环**

#### 1. 手工研磨

手工研磨时，先在工件外圆柱面涂一层薄而均匀的研磨剂，装入夹持在台虎钳上的研磨环孔内，调整好间隙，然后握住工件作正反方向转动，同时作轴向往复移动，以保证整个工件表面得到均匀的研磨。这种研磨方式一般为单件生产（修理）时采用。

#### 2. 机床-手工研磨

机床配合手工研磨时，工件由车床带动。先在工件上均匀涂上研磨剂，套上研磨环，研磨环的松紧程度以手动力能转动为宜。然后开动车床带动工件转动，手握研磨环在工件全长上做往复移动，且使研磨环作断续转动，如图6-7（a），（b）所示。工件的转速在工件直径小于80时为100r/min，大于100时为50r/min。研磨环的往复运动速度，可根据工件上研磨出来的网纹来控制，如图6-7（c）所示，当往复运动的速度适当时，工件上研磨出来的网纹成45°交叉线；夹角大于或小于45°时，则说明往复运动的速度太慢或太快，影响研磨质量。

在研磨过程中，如果由于上道工序的误差太大（在研磨时移动研磨环可感觉到，直径大的部位比较紧，而直径小的部位则感觉比较松），可在直径大的部位多研磨几次，一直到尺寸完全一样为止。研磨一段时间后，应将工件调头再研磨，这样能使轴得到准确的几何形状，同时，研磨环的损耗也比较均匀。

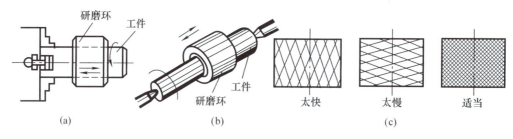

图 6-7　研磨外圆柱面

## 二、研磨圆柱孔

工件圆柱孔的研磨是在研磨棒上进行的，研磨棒的形式有固定式和可调节式两种（如图6-8所示）。

固定式研磨棒如图6-8（a）（b）所示。图6-8（b）的圆柱体上开有螺旋槽，作用是存储研磨剂，在研磨时把研磨剂从工件的两端挤出，一般用于粗研磨。光滑的研磨棒一般用于精研磨，如图6-8（a）所示。固定式研磨棒制造容易，但磨损后无法补偿，一般多在单件研磨或机修中使用。对工件上每一种规格的孔径的研磨，要预先制好2～3个含有粗、半精、精研磨余量的研具。精度要求比较高的孔，每组研具常达5件之多。每组研具的直径差可参照表6-5。

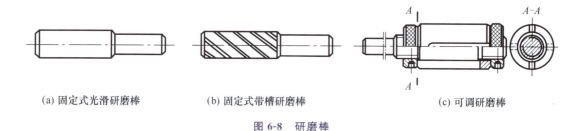

(a) 固定式光滑研磨棒　　(b) 固定式带槽研磨棒　　(c) 可调研磨棒

图 6-8　研磨棒

表 6-5　固定式成组研磨棒的直径差

| 号数 | 尺寸的确定/mm | 备注 |
| --- | --- | --- |
| 1 | 比被研磨孔小 0.015 | 开螺旋槽 |
| 2 | 比第一根大 0.01～0.015 | 开螺旋槽 |
| 3 | 比第二根大 0.005～0.008 | 开螺旋槽 |
| 4 | 比第三根大 0.005 | 不开螺旋槽 |
| 5 | 比第四根大 0.003～0.005 | 不开螺旋槽 |

可调节的研磨棒如图 6-8（c）所示，因其在一定的尺寸范围内进行调整，所以可延长使用寿命，应用较广，多用于成批生产中工件孔的研磨。

研磨棒工作部分的长度应大于工件的长度，一般情况下是工件长度的 2～3 倍。

圆柱孔的研磨，是将研磨棒夹在车床卡盘内（大直径的长研磨棒，另一端用尾座顶尖顶住），把工件套在研磨棒上进行研磨。

研磨时应注意，研磨棒与工件的配合必须适当，配合太紧，易将孔面拉毛；配合太松，孔会研磨成椭圆形，一般以用手推工件时不十分费力为宜。研磨时如工件的两端有较多的研磨剂被挤出时，应及时擦掉，否则会使孔口扩大，研磨成喇叭口形状。如孔口要求很高，可将研磨棒的两端用砂布磨得直径略小一些，避免孔口扩大。

研磨较大机件上的孔时，由于机件不便拿动，应尽可能使孔中心轴位置处于垂直方向，进行手工研磨，这样易于保证研磨质量。

## 任务四　圆锥面、中心孔的研磨

### 一、圆锥面的研磨

圆锥件在机械产品中应用很普遍。工件圆锥表面的研磨，包括圆锥孔和外圆锥面的研磨。研磨时必须用与工件锥度相同的研磨棒或研磨环，其结构分固定式和可调式两种。

固定式研磨棒分为左向的螺旋槽和右向的螺旋槽两种（如图 6-9 所示）。可调节式的研磨棒和研磨环，其结构原理和圆柱面可调节式研磨棒或研磨环相同。

研磨圆锥面，一般是在车床或钻床上进行，转动方向应和研磨棒的螺旋槽方向相一致。研磨时，在研磨棒或研磨环上均匀地涂上一层研磨剂，插入工件锥孔或套进工件的外锥表面旋转 4～5 圈后，将研具稍微拔出一些，然后再推入研磨，以保持研磨剂均匀，加速研磨进度（如图 6-10 所示）。如工件表面研磨痕迹已基本一致，就可用标准锥体或相配的锥体进行着色检查。检查时如发现锥面上的显色不够理想，则在研具上着色显示位置涂上研磨剂，再进行补偿性研磨。在研磨过程中锥孔或外圆锥表面出现中凸现象时，把研磨剂涂敷在研具对应于锥孔或外圆锥表面的中凸部位进行研磨。研磨达到要求时，取下研具，擦净研具和工件被研磨表面的研磨剂，涂上机油，重复套上研具进行抛光，一直到被加工表面呈银灰色或发光为止。

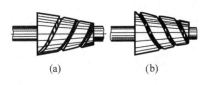

(a)　　　　　　　(b)

图 6-9　圆锥面研磨棒

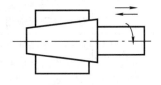

图 6-10　圆锥面研磨

### 二、中心孔研磨

中心孔是轴类零件加工时最常用并需反复使用的定位基准，其加工质量直接影响着轴类零件的加工精度。因此，中心孔应有合理的结构、合适的尺寸和准确的定位锥面，并使两端中心保持同轴。作为重要零件的轴的中心孔，有时采取研磨的办法来提高其加工质量。国家标准 GB145－85 规定了中心孔的四种基本形式，其加工工具中心钻也已标准化，因此研磨中心孔必须要用与之相应的研磨棒。由于中心孔的研磨工作量不大，因此研磨棒一般使用固定式的。

中心孔的研磨一般有以下三种方法：

（1）用铸铁顶尖研磨中心孔。先用车床的三爪卡盘夹好铸铁顶尖，然后用车刀把 60°锥角的顶尖车一刀，这样就可以保证顶尖的中心线和车床主轴中心线重合。在工件中心孔涂上研磨剂，如图 6-11 所示，以工件能用手转动自如为宜。然后开动车床，手握住工件作缓慢的转

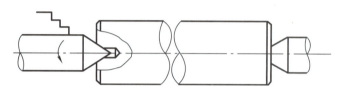

图 6-11　用铸铁顶尖研磨中心孔

动，研磨到中心孔锥面呈银灰色或发亮时，表示一头的中心孔已研磨好，再调头研磨另一头的中心孔。

（2）用硬质合金顶尖研磨中心孔。硬质合金顶尖，它用四片硬质合金镶嵌在顶尖上，磨成 60°锥角，装在专门研磨中心孔的研磨机上。硬质合金顶尖装在主轴孔中，工件中心孔与硬质合金顶尖贴合，工件另一端用尾座顶尖顶住。然后用手握住工件不动，机床以较高的转速旋转，利用硬质合金顶尖挤压及研磨中心孔。这种方法生产率很高，并能获得较高的精度和较小的表面粗糙度值。

（3）用油石顶尖研磨中心孔。将圆形的油石在车床的三爪卡盘上夹牢固，用金刚石车刀把油石车成 60°的锥体。在研磨中心孔时，仅需在中心孔和顶尖间加上机油即可，方法与铸铁顶尖研磨中心孔一样。

### 三、研磨时常见缺陷及产生原因

研磨的常见缺陷及产生原因见表 6-6 所示。

表 6-6　研磨时常见缺陷及产生原因

| 缺陷形式 | 产生原因 |
| --- | --- |
| 表面粗糙度过大 | ①磨料太粗；<br>②研磨液选用不当；<br>②研磨剂涂得薄而不匀；<br>③研磨时忽视清洁工作，研磨剂中混入杂质 |
| 平面成凸形 | ①研磨时压力过大；<br>②研磨剂涂得太厚，工作边缘挤出的研磨剂未及时擦去仍继续研磨；<br>③运动轨迹没有错开；<br>④研磨平板选用不当 |
| 孔口扩大 | ①研磨剂涂抹不均匀；<br>②研磨时孔口挤出的研磨剂未及时擦去；<br>③研磨棒伸出太长；<br>④研磨棒与工件孔之间的间隙太大，研磨时研具相对于工件孔的径向摆动太大；<br>⑤工件内孔本身或研磨棒有锥度 |

续表

| 缺陷形式 | 产生原因 |
|---|---|
| 孔成椭圆形或圆柱有锥度 | ①研磨时没有更换方向或未及时调头；②工件材料硬度不匀或研磨前加工质量差；③研磨棒本身的制造精度低 |

## 习　题

1. 什么是研磨？如何确定研磨余量？
2. 试述研磨原理。
3. 常用的研具材料有几种？各应用于什么场合？
4. 试述磨料的种类及其适用范围。
5. 手工研磨的运动轨迹有哪些？

# 实训一 常用研磨剂的配制训练

## 一、训练要求

学会常用研磨剂的配制。

## 二、工具

加热炉、容器、纱布、磨料、润滑剂等。

## 三、工艺过程

不同作用的研磨剂配制略有区别。

**配方 1**：粗研用研磨剂。

| | |
|---|---|
| 白刚玉（W14） | 8％ |
| 硬脂酸 | 4％ |
| 蜂蜡 | 1％ |
| 油酸 | 7％ |
| 航空汽油 | 40％ |
| 煤油 | 40％ |

配制程序：先将硬脂酸和蜂蜡放入容器并在加热炉上加热熔融，待其冷却后加入航空汽油和煤油搅拌，经过双层纱布过滤，最后加入微粉白刚玉和油酸。

**注意**：在加热时应严格控制好温升速度，在操作过程中做好清洁工作。

**配方 2**：精研磨用研磨剂。

| | |
|---|---|
| 研磨粉 W3.5－1 | 8％ |
| 硬脂酸 | 4％ |
| 航空汽油 | 80％ |
| 煤油 | 8％ |

**配方 3**：抛光用研磨膏。

| | |
|---|---|
| 氧化铬 | 60％ |
| 石蜡 | 22％ |
| 蜂蜡 | 4％ |
| 硬脂酸 | 11％ |
| 煤油 | 3％ |

**配方 4**：精研磨用研磨膏。

| | |
|---|---|
| 金刚砂 | 40％ |
| 氧化铬 | 20％ |
| 硬脂酸 | 25％ |
| 电容器油 | 10％ |
| 煤油 | 5％ |

 研磨平面训练

研磨平面工件图及技术要求，如图 X6-1 所示。

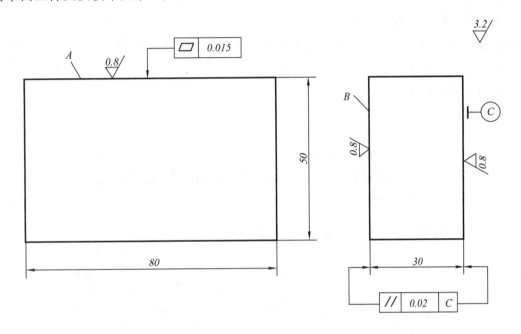

技术要求

1. 棱边和尖角均倒钝；

2. 材料 45，淬火 HRC50；

3. A、B、C 三面的表面粗糙度值均为 $R_a0.8$，其余各面均为 $R_a3.2$。

**图 X6-1  研磨平面**

## 一、训练要求

掌握平面研磨的操作方法。

## 二、工具

工件、研具、研磨剂、测量工具等。

## 三、工艺过程

（1）清洁平板。

（2）清除工件毛刺和油污。

（3）测量工件宽度的实际尺寸，并记录。

（4）在平板上涂上一层薄而均匀的研磨剂。

（5）以一定的手工运动轨迹研磨工件，使研具表面和工件表面做密合相对运动，进行粗研磨。

（6）更换研磨剂，精研磨表面直至达到要求。

（7）检验工件。

（8）清洁工件、研具和工作场地。

## 四、注意事项

（1）研磨前必须将工件表面和工具清洁干净。

（2）每次涂抹研磨剂要分布均匀，且不宜过多。

（3）研磨过程中，要经常改变工件在研具上的研磨位置，以防止研具因研磨不均而影响质量。

（4）研磨时要控制压力大小及工件移动速度。

（5）要边研磨边检测。

# 实训三 研磨外圆柱面训练

研磨外圆柱面工件图及技术要求，如图 X6-2 所示。

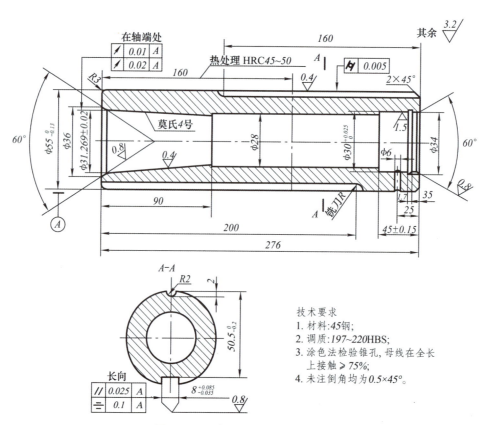

技术要求
1. 材料:45钢;
2. 调质:197~220HBS;
3. 涂色法检验锥孔，母线在全长
   上接触≥75%;
4. 未注倒角均为0.5×45°。

图 X6-2　研磨外圆柱面及内圆锥面

## 一、训练要求

学会外圆柱面研磨的操作方法。

## 二、工具

工件、研具、研磨剂、千分尺、车床等。

## 三、工艺过程

(1) 清洁研磨环。

(2) 清除工件上的毛刺。

(3) 将工件夹持在车床上，并均匀涂上研磨剂。

(4) 套上研磨环，将工件以合适的转速转动。

(5) 注意控制压力大小和工件移动速度。

(6) 研磨结束后做好清洁工作。

## 四、注意事项

(1) 做好研磨过程中的清洁工作。

(2) 研磨时要遵守有关安全规程，文明生产。

## 实训四　研磨内圆锥面训练

研磨内圆锥面工件图，如图 X6-2 所示。

## 一、训练要求

学会内圆锥面研磨的操作方法。

## 二、工具

工件、研具、研磨剂、标准锥体、显示剂、车床等。

## 三、工艺过程

(1) 清洁研磨棒。

(2) 清除工件毛刺。

(3) 上料。

(4) 套入研磨棒，开动机床，将工件以合适的转速转动。

(5) 旋转 10 圈左右，将研具稍微拉出一些，然后再推入继续研磨。

（6）如此往复，直至达到研磨要求。

（7）研磨结束后做好清洁卫生工作。

## 四、注意事项

（1）研具进给时转速不要太快。

（2）要经常检查内圆锥面的中间是否凸起并及时解决。

（3）注意做好清洁工作，文明生产。

# 项目七
## 钻　孔

　　本项目主要介绍了钻孔技术。从普通钻床的使用到麻花钻的精细刃磨，再到多样化的钻孔，不仅探讨了钻孔过程中的注意事项，还针对斜面、曲面、薄板及坚硬金属材料等特殊条件下的钻孔技巧进行了细致讲解。特别加入了配钻与孔系加工的内容，并配套丰富的实训操作，旨在帮助学生将理论知识与实践技能紧密结合，全面提升钻孔操作的熟练度与精准度，为实操奠定坚实基础。

## 任务一 　常见钻床

钻床是用来加工孔的设备。钳工经常使用的钻孔设备有台式钻床、立式钻床、摇臂钻床、手电钻等。

### 一、台式钻床

台式钻床简称台钻，是一种小型钻床，一般加工直径在 12mm 以下的孔，其结构如图 7-1 所示。

#### 1. 传动与变速

电动机 1 通过三角带 4 带动主轴 2 旋转。若改变三角带在塔式带轮 3 上的位置，就可使主轴得到不同的转速。操纵电器转换开关，能使电机正转、反转、启动或停止。主轴进给运动（即钻头向下的直线运动）由手操纵进给手柄 5 控制。

#### 2. 钻床轴头架升降调整

一般利用丝杠螺母传动机构使钻床轴头架升降。调整时应先松开锁紧螺钉 6，摇动升降手柄 7 将其调整到所需要的位置，再将其锁紧。

#### 3. 维护保养

（1）在使用过程中，工作台面要保持清洁。

（2）变速时应先停机再变速。

（3）钻通孔时，必须使钻头通过工作台上的让刀孔，或在工件下垫上垫铁，保护工作台面。

（4）下班前，必须将外露滑动面及工作台面擦净，并对各滑动面及各注油孔注油润滑。

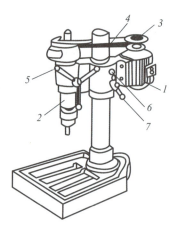

1—电动机；2—主轴；3—带轮；

4—三角带；5—进给手柄；

6—锁紧螺钉；7—升降手柄

**图 7-1　台式钻床**

### 二、立式钻床

立式钻床简称立钻，其组成如图 7-2 所示，一般用来钻中型工件上的孔。

#### 1. 立钻主要机构的使用

主轴变速箱 1 位于机床的顶部，主电动机安装在它的后面。变速箱左侧有两个变速手柄，按机床变速标牌调整这两个手柄的位置，能使主轴获得不同的转速。

进给变速箱 3 安装在立柱 5 上，它的高度可按被加工工件的高度进行调整。进给变速箱正面有两个进给变速手柄，按进给速度标牌调整手柄位置，可获得所需的机动进给量。

进给手柄 6 连接箱内的进给装置，统称进给机构，它的作用是选择机动进给、超越进给等不同的进给方式。

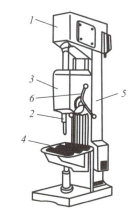

1—主轴变速箱；2—主轴；

3—进给变速箱；4—工作台；

5—立柱；6—进给手柄

**图 7-2　立式钻床**

主轴的正转、反转、启动、停止是靠安装在进给变速箱左侧的手柄来控制的。

工作台4安装在立柱导轨上，由工作台下面的升降机构来操纵。

这种机床备有冷却泵，钻削时可加足够的切削液。

### 2. 使用规则及维护保养

（1）使用前应空转试车，待机床正常运转后才可操作。

（2）不需要机动进给时，应将三星手柄端盖向里推，断开机动进给运动。

（3）变换主轴转速或改变机动进给量时，必须在停车后进行调整。

（4）经常检查润滑系统的供油情况。

### 三、摇臂钻床

摇臂钻床的组成如图7-3所示。工件安装在机座1或工作台2上。主轴变速箱3装在可绕垂直立柱4回转的摇臂5上，并可沿摇臂的水平导轨往复运动。由于主轴变速箱能在摇臂上做大范围的移动，而摇臂又能绕立柱回转360°，因此可将主轴调整到机床加工范围内的任何位置上加工。在摇臂钻床上加工多孔工件时，工件不动，只要调整摇臂和主轴变速箱在摇臂上的位置即可。

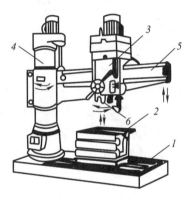

1—机座；2—工作台；3—主轴变速箱；

4—立柱；5—摇臂；6—主轴

**图7-3 摇臂钻床**

主轴移动到所需位置后，摇臂可用电动胀闸锁紧在立柱上，主轴变速箱可用偏心锁紧装置固定在摇臂上。

摇臂钻床的主轴转速范围和进给量范围较大，加工范围广泛，可用于钻孔、扩孔、锪孔、铰孔、攻螺纹等多种孔的加工。

## 任务二　麻花钻的刃磨和装夹

用钻头在实体材料上加工出孔，称为钻孔。钻孔时，工件固定，钻头装在钻床主轴上做旋转运动，称为主运动；同时钻头沿轴线方向移动，称为进给运动。

## 一、麻花钻

### 1. 麻花钻的构造

麻花钻是应用最广泛的钻头（如图 7-4 所示），它由柄部、颈部、工作部分三部分组成。

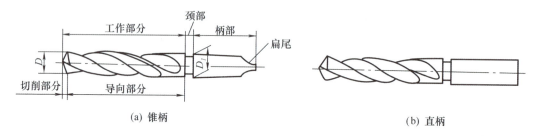

(a) 锥柄　　　　　　　　　　　　　(b) 直柄

图 7-4　麻花钻

（1）柄部。柄部是用作被夹持的部分，传递扭矩和轴向力。柄部结构有直柄和锥柄两种。直柄用于直径在 13mm 以下的钻头，能传递的扭矩较小；锥柄用于直径在 13mm 以上的钻头，锥柄的柄尾既可传递扭矩又可避免打滑。

（2）颈部。颈部位于柄部和工作部分之间，刻有钻头的规格、商标和材料等，以供选择和识别。

（3）工作部分。工作部分是钻头的主要部分，由切削部分和导向部分组成。切削部分承担主要的切削工作，导向部分在钻孔时起引导和修光孔壁的作用，同时也是切削部分的备用段。

图 7-5　麻花钻的切削部分

切削部分可用"六面五刃"表述（如图 7-5 所示）：

两个前刀面——两螺旋槽表面。

两个后刀面——切削部分顶端的两个曲面，加工时它与工件的切削表面相对。

两个副后刀面——与已加工表面相对的钻头两条棱。

两主切削刃——两个前刀面与两个后刀面的交线。

两条副切削刃——两个前刀面与两个副后刀面的交线。

一条横刃——两个后刀面的交线。

### 2. 麻花钻的切削角度与几何尺寸及其对切削的影响

首先，在麻花钻上建立辅助平面（如图 7-6 所示），有：

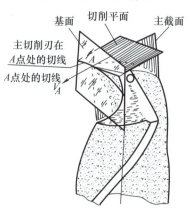

图 7-6　麻花钻的辅助平面

基面——主切削刃上任意一点的基面，即过该点并与该点切削速度方向垂直的平面。

切削平面——过主切削刃上任意点并与工件加工表面相切的平面。

主截面——过主切削刃上任意点并垂直于切削平面和基面的平面。

麻花钻的切削角度有如下几种如图 7-7（a）（b）所示：

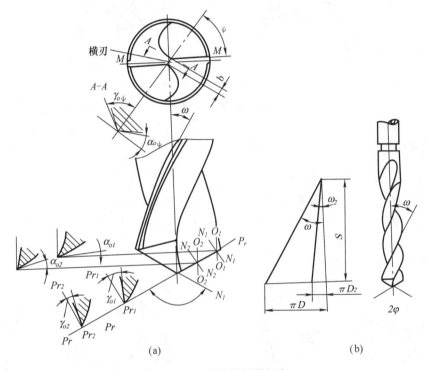

图 7-7　麻花钻的切削角度

（1）顶角 $2\varphi$。顶角 $2\varphi$ 为切削刃在其平行平面上投影的夹角。标准麻花钻 $2\varphi = 118°\pm2°$ 顶角愈小，钻头的轴向阻力愈小（钻尖强度降低），切屑愈卷曲，不便排屑。刃磨时，对于钻硬材料的钻头，顶角可磨大些。

（2）螺旋角 $\omega$。螺旋角是主切削刃上最外缘处螺旋线的切线与钻头轴线之间的夹角。在不同半径处，钻头螺旋角不相等，以外缘处最大。

（3）前角 $\gamma$。主切削刃上每一点的前角是在主剖面上前刀面与基面之间的夹角。主切削刃上各点的前角不相等，外缘处最大。前角愈大，切削就愈省力。

（4）后角 $\alpha$。后角 $\alpha$ 是指在圆柱截面内后刀面的切线与切削平面的夹角。主切削刃上各点后角不等，愈近钻心就愈大。后角愈小，切削时摩擦就愈大。

（5）横刃斜角 $\psi$。横刃与主切削刃在垂直于轴线的截面上的夹角就是横刃斜角。横刃斜角影响近钻心处的后角大小。

## 二、麻花钻的刃磨

麻花钻的刃磨主要是刃磨两个后刀面，目的是把已钝的切削部分恢复锋利。刃磨的一般要求：顶角 $2\varphi = 118°\pm2°$，直径在 15mm 以下的钻头后角 $\alpha = 10°\sim14°$，横刃斜角 $\varphi = 55°$ 左右，两主切削刃与钻心对称，后刀面光滑。

刃磨方法如图 7-8 所示，将主切削刃置于水平位置，并大致在砂轮的中心平面上刃磨。钻头轴线与砂轮柱面母线在水平面内夹角等于顶角 $2\varphi$ 的一半。在刃磨时右手握住钻头的头部作为定位支点，注意掌握好压力，使钻头绕轴心线转动。左手握住钻头柄部做上下摆动，保证后角和整个后刀面都磨到。磨好一条切削刃后，翻转180°再磨另一边。磨好后一般需目测检查两主切削刃是否对称。

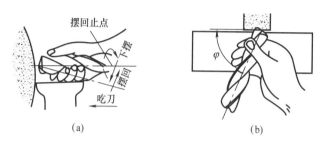

图 7-8  标准麻花钻的刃磨

### 三、麻花钻的装夹

直径在 13mm 以下的直柄钻头可用钻夹头（如图 7-9 所示）装夹。钻夹头使用方便，具有自动定心等特点。对于直径较大的钻头一般用钻头套如图 7-10（a）（b）所示的装夹方法。钻头套和钻头的锥柄锥度都是莫氏锥度，共有 5 种，使用时必须相适应。拆卸时用斜铁卸下钻头如图 7-10（c）所示。

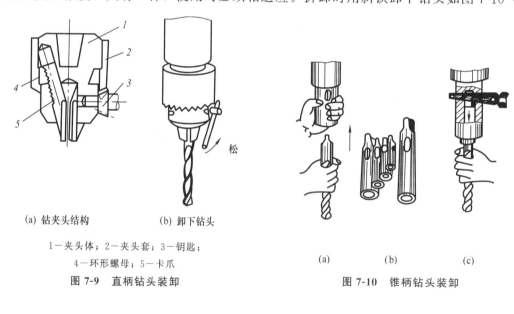

(a) 钻夹头结构　　　　(b) 卸下钻头

1—夹头体；2—夹头套；3—钥匙；
4—环形螺母；5—卡爪

图 7-9  直柄钻头装卸

(a)　　　　(b)　　　　(c)

图 7-10  锥柄钻头装卸

## 任务三　钻孔方法

钻孔的方法与生产规模有关，当大批量生产时，要借助于夹具等工装来保证加工位置的正确；当单件和少量生产且加工精度要求不高时，可借助于划线来保证加工位置。

要保证钻孔时孔钻得直、钻得光，在具体操作时有以下要求：

（1）选用性能好、精度高的钻床。钻头在装夹前，应将其柄部和钻床主轴锥孔擦拭干净。钻头装好后，可缓慢转动钻床主轴，检查钻头是否摆正，如有偏摆（一般用的台钻，钻床的主轴都会有一定程度的偏摆），可通过调换不同方向装夹使偏摆最小。直柄钻头的装夹长度尽量长些，一般不少于 15mm。

（2）开始钻孔时，钻头要慢慢接触工件，不能用钻头撞击工件，以免碰伤钻尖。在起钻形成锥坑时，要保证钻头不受弯曲。孔口周边初步形成后，要保证钻头在轴向能自由移动，不受横向力；对于精度和孔壁表面粗糙度要求较高的钻孔，必须严格控制进给量。在工件的未加工面上钻孔时，开始时用手动进刀，在碰到硬质点时，可使钻头退让，以免打坏刃口。

（3）在钻削过程中，工件对钻头有很大的切削抗力，使钻床主轴箱产生上抬和偏摆现象。钻通孔时，钻头横刃穿透工件后，工件的切削抗力迅速下降，若此时使进刀量突然增加，将导致孔壁刮花和扎刀。故此，在即将钻穿前，可改用手动进刀并选择小切削用量。

（4）正确使用冷却润滑液，并保证供应充足。充足的冷却润滑液可使钻削顺利进行及保证孔的表面质量。

## 任务四　钻孔注意事项

在钻孔时，经常会出现孔径不准确的现象，一般情况下是孔径偏大。这主要的原因是：钻头摆动大和产生振动；钻头两主切削刃的长短、高低不同。

要避免钻孔时孔径钻得不准确，需要注意如下几点：

（1）钻头装夹时，尽量使振摆调到最小值（参看任务三）。

（2）选用精度较高的钻床。如钻床主轴的径向摆差较大时，可采用浮动夹头（如图7-11所示）装夹钻头。

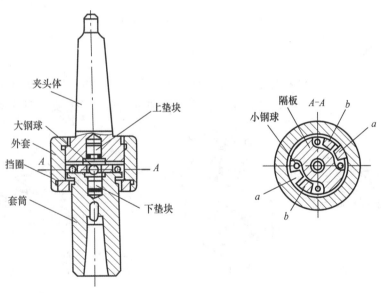

图 7-11　浮动夹头

（3）使用较新或尺寸精度接近加工孔径要求的钻头。

（4）钻头的两个切削刃需尽量修磨对称，两刃的轴向偏差应控制在0.05mm的范围内，使两刃负荷均匀，以提高切削稳定性。钻头的径向摆差应小于0.03mm。

（5）必要时采取预钻孔措施。

（6）钻削过程中要有充足的冷却润滑液。

## 任务五　钻孔位置精度要求

在钻孔时，要使孔的位置符合要求，关键是起钻孔时位置钻得正，钻削过程保证工件不会移位。

### 一、钻孔位置

钻孔位置不正确的原因一般有以下几种：

（1）划线不正确。样冲眼中心打得不准确。

（2）工件装夹不稳固。导致在钻削时工件松动，使钻孔位置发生变化。

（3）钻头横刃太长。在起钻时，钻头易产生偏摆，难以保证位置正确。

（4）钻孔开始阶段没有找正位置。

### 二、钻孔的划线

钻孔前必须按孔的位置、尺寸要求，划出孔位的十字中心线，并打上中心样冲眼。要求冲眼要小，位置要准确，并且按孔的大小划出孔的圆周线，并同时划出几个大小不同的同心圆或与孔中心线对称的方格，做检查找正用（如图7-12所示）。然后将中心样冲眼敲大（保证冲眼轴线垂直表面），便于准确落钻定心。

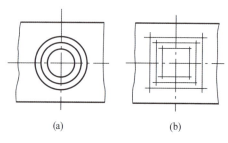

图7-12　孔位检查线

### 三、工件的装夹

工件的装夹必须牢靠。工件的装夹方法可根据工件形状和切削力的大小而确定，以保证钻孔质量和安全。一般用平口钳、V形架、压板螺栓、角铁、手虎钳和三爪卡盘等装夹工件（如图7-13所示）。

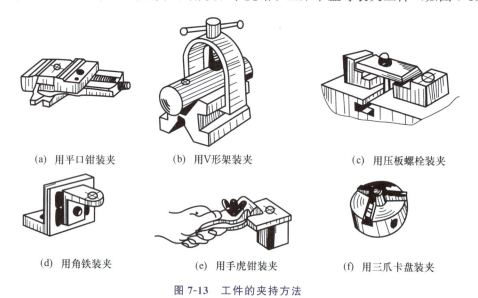

(a) 用平口钳装夹　　　(b) 用V形架装夹　　　(c) 用压板螺栓装夹

(d) 用角铁装夹　　　(e) 用手虎钳装夹　　　(f) 用三爪卡盘装夹

图7-13　工件的夹持方法

## 四、钻头横刃长度

钻头的横刃长度太长，在起钻时易使钻头偏摆，而且在钻削时钻头的切削阻力会变大。从理论上讲，钻头的横刃越短，钻削越稳定。

## 五、借正

在起钻时，先将钻头对准样冲眼钻一浅坑，检查是否同心。如果偏心，必须及时借正。借正的方法是：如偏位较小，钻削时用力将工件向偏位反向推移，逐步借正；如偏位较大，在借正方向打几个样冲眼或錾切几条小槽，以减少此处的钻削阻力，达到借正的目的。

## 任务六　在斜面和曲面上钻孔

斜孔钻削有三种情况：在斜面上钻孔；在平面上钻斜孔；在曲面上钻孔。它们的特点是孔中心与钻孔端面不垂直。常用以下几种方法钻削。

## 一、倾斜装夹工件

（1）先将工件要钻的孔端面置于水平位置装夹，在钻孔位置的中心锪出一浅坑。

（2）再把上述端面倾斜一些装夹，将浅坑刮深形成一个过渡孔，便于在正式钻孔时钻头容易钻进。

（3）正式钻孔。

这种方法适用于要求不高的工件，宜用手电钻操作。

## 二、先铣平台后钻孔

（1）校正工件钻孔中心与钻头相对位置，紧固。

（2）用中心钻先在孔中心钻一中心孔如图7-14（a）所示。这样可保证中心孔不偏离位置。

（3）为消除斜面（或曲面）对钻头的妨碍，用立铣刀加工出一个水平面如图7-14（b）所示。

（4）正式钻孔如图7-14（c）所示。

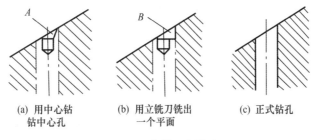

(a) 用中心钻　　　(b) 用立铣刀铣出　　　(c) 正式钻孔
钻中心孔　　　　一个平面

图7-14　在斜面上钻孔

## 三、使用可调钻孔夹具

当钻孔中心线与工件定位基准面不垂直时，可以将工件装夹在可调角度的钻孔夹具（如图7-15所示）

上钻孔，通过调节活动板达到钻斜孔目的。

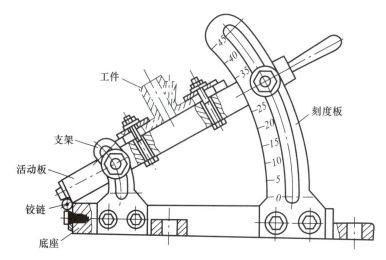

图 7-15　可调角度的钻孔夹具

# 任务七　钻不完整孔

钻不完整孔，一般是半圆孔，由于钻头的一边受径向力，被迫向另一边偏斜，造成弯曲，钻头易磨损和折断，钻出的孔也不垂直。如孔的上部为整圆，下部为半圆时，则会把整圆部分钻成椭圆。一般可用以下方法钻半圆孔。

## 一、嵌入金属材料后钻孔

加工如图 7-16 所示的孔时，可在已加工的大孔中嵌入与工件材料相同的金属再钻孔，这样可避免整圆部分被钻大。

图 7-16　钻中间为半圆孔的工件

## 二、用半孔钻头钻孔

钻如图 7-17 所示的腰圆孔时，先在一端钻出整圆孔，另一端用半孔钻头加工。半孔钻头的几何参数如图 7-18 所示。其主要特点是将切削刃磨成内凸凹形，钻孔时使切削表面形成凸肋，避免将钻头推向一边，同时限制钻头的晃动。

需要注意的是，钻半圆孔时，要用手动进刀，压力要轻，避免因吃刀太多而损坏钻头。

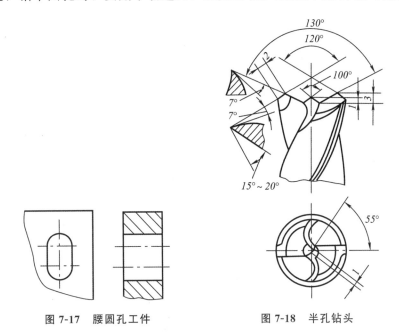

图 7-17　腰圆孔工件　　　　　图 7-18　半孔钻头

## 任务八　配钻孔

在装配零件时，如两个零件需要用螺钉组装在一起，而且组合精度要求高，螺钉数量又较多时，就需要配钻孔。如图 7-19 所示的装配部件，在装配之前，b 件上螺纹孔已加工好，需要配钻 a 件上的光孔。

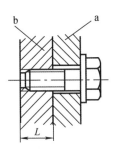

图 7-19　装配部件

## 一、用螺纹钻套钻孔

先做一个与 b 件螺纹孔相配合的螺纹钻套（如图 7-20 所示），钻孔前将两零件相互位置对准夹在一起，把螺纹钻套旋进 b 件的螺纹孔内。再用一个与钻套中心孔相配的小钻头在 a 件上钻一小孔。然后分开两零件，将小孔扩大到所需直径，就能保证两零件的孔的同轴度。

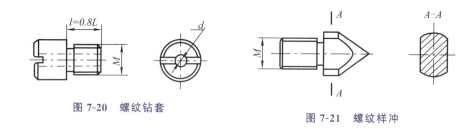

图 7-20  螺纹钻套

图 7-21  螺纹样冲

## 二、用螺纹样冲打样冲眼

如果 b 件上的螺孔为盲孔时，则做一种与 b 件螺孔相配合的螺纹样冲（如图 7-21 所示），锥尖淬硬。使用时将螺纹样冲旋进螺孔内，把所有的螺纹样冲露出的高度调整一致，然后将 a、b 两件对准位置放在一起，再用木槌敲击 a 件或 b 件，使在 a 件上的钻孔位置敲出样冲眼。这样也可保证 a、b 两件的对应孔的同轴度。

# 任务九　在薄板上钻孔

用标准钻头钻薄板时，由于钻心钻穿工件后立即失去定心作用和轴向阻力突然减少，且带动工件弹动，使钻出的孔不圆，出口处的毛边多，经常会因突然切入过多而产生扎刀或钻头折断的事故。

在薄板上钻孔，需将麻花钻的两条切削刃磨成弧形，这样两条切削刃的外缘和钻心处就形成三个刃尖（如图 7-22 所示）。其中外缘的刃尖与钻心的刃尖在高度上仅相差 0.5～1.5mm。这样可使得钻孔时钻心尚未钻穿而两切削刃的外刃尖已在工件上刮出圆环槽，起到良好的定心作用，保证了钻孔的质量。

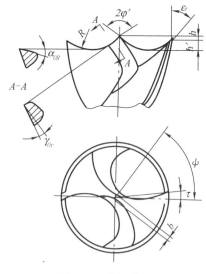

图 7-22  薄板钻头

## 任务十 在坚硬的金属材料上钻孔

坚硬的金属材料的切削性能很差，较难加工。用高速钢钻头钻孔时，很容易烧坏钻头，甚至钻不进；用硬质合金钻头钻孔时，由于刀具的脆性大，往往在极小的振动下发生崩刃。针对这些现象，必须要求钻头的切削刃不过于锋利，以增强钻头的耐用度。一般在坚硬的金属材料上钻孔有以下两种方法。

### 一、使用经刃磨改装的麻花钻头

将高速钢标准麻花钻头刃磨改装，其几何参数如图 7-23 所示。第一锋角 $2\varphi=120°$，第二锋角 $2\varphi_1=96°$，两个不同主偏角的切削刃长度相等。主切削刃的前面倒棱 $f=0.5\sim1\text{mm}$，倒棱部分形成前角 $\gamma_f=-2°\sim5°$。圆弧刃 $R=2\sim3\text{mm}$，内刃锋角 $2\varphi'=135°$，钻心尖的高度 $h=1\text{mm}$。横刃磨窄成 $b=0.8\sim1\text{mm}$。经改磨后的钻头有以下特点：

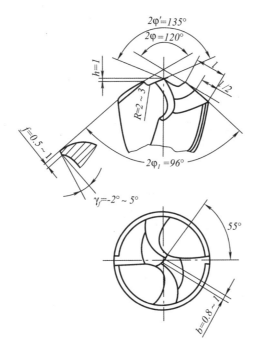

图 7-23 加工硬材料的钻头

（1）增大了外缘尖角，提高了刀齿强度，改善了散热条件。

（2）减少了主切削刃的锐利程度，能够提高钻头的耐用度和断屑能力。

（3）钻心尖确定好，两边的切削刃尖很快进入切削，对钻心尖起保护作用。

（4）横刃修窄后，减少了挤刮现象和轴向力。

注意，使用这种钻头时，切削速度、进刀量与钻削一般钢材相比减少 1/3，并需用二硫化钼作冷却润滑液。

## 二、使用硬质合金镶片钻头

硬质合金镶片钻头的几何参数如图 7-24 所示。前角 $\gamma=0°\sim5°$，后角 $\alpha=8°\sim10°$，并将刃口修磨成 $R2\times0.3$ 的小圆角，以增加切削刃的强度。锋角要适当，以 $2\varphi=110°\sim120°$ 为宜，过大会增加轴向力；过小则会削弱钻尖的强度。修磨横刃，以降低轴向力；在修磨横刃的同时，可将靠近钻心处的前角磨大至 $-18°$。钻削时切削速度取 $15\sim25\text{m/min}$，走刀量取 $0.035\sim0.09\text{mm/r}$，孔径大时均取大值，孔径小时取小值。冷却润滑液选用硫化切削油。在钻削时，还需注意每隔 $4\sim5\text{min}$ 将钻头从孔中提出一次进行冷却，避免因温度过高使钻头的焊接硬质合金刀片的焊料软化，致使刀片松动。还需要求工件的被加工表面平整、光洁，以免钻削因引偏而发生折断现象。

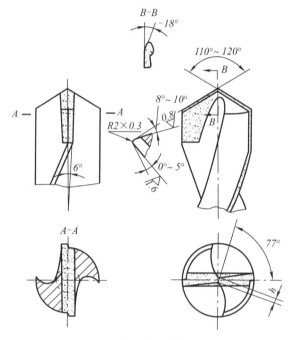

图 7-24  硬质合金镶片钻头

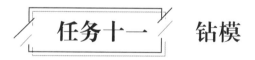

# 任务十一  钻模

在钻床上钻孔，可以通过使用钻模夹具进行钻孔。钻模夹具上装有钻套，可以保证钻孔的准确位置，提高钻孔质量和缩短工时，提高效率。

## 一、常用钻床钻模夹具

### 1. 固定式钻模夹具

图 7-25 所示为一种钻斜孔用的钻模夹具。使用时将夹具固定在钻床工作台上，工件的底面和两个已加工孔做定位基准，夹具以倾斜的平面支撑板 2、圆柱定位销 4 和防转定位销 3 做定位元件。为保证钻头能在斜面顺利起钻和正确引导，采用了与斜面相应的特殊快换钻套 6。

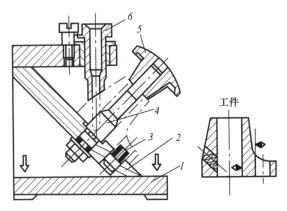

1—夹具体　2—平面支撑板　3—防转定位销；

4—圆柱定位销　5—快速夹紧螺母　6—特殊快换钻套

图 7-25　固定式钻模夹具

### 2. 移动式钻模夹具

图 7-26 所示为移动式钻模夹具，可在两导板中移动，利用定位板可快速确定钻孔位置。

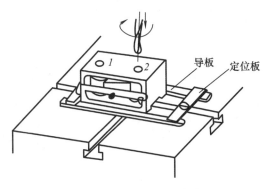

图 7-26　移动式钻模夹具

## 二、钻套

钻模夹具大多数情况都配有钻套，目的是引导钻头的正确钻削位置，同时可提高钻削质量。钻套一般有以下几种。

### 1. 固定钻套

固定钻套直接压装在钻模板相应孔中，钻套磨损后不能再用（如图 7-27 所示）。这种钻套主要用于小批量生产中。

### 2. 可换钻套

这种钻套（如图 7-28 所示）与钻模板为过盈量很小的过渡配合。钻套磨损后，拧去螺钉，可更换钻套。这种钻套适用于单一钻孔加工。

### 3. 快换钻套

图 7-29 所示为快换钻套，在钻套上铣出一个削边平面，目的是快速取出钻套。这种钻套适用于钻、扩、铰等多工步的场合。

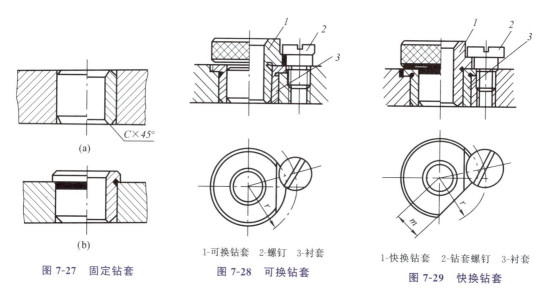

图 7-27  固定钻套

1-可换钻套  2-螺钉  3-衬套
图 7-28  可换钻套

1-快换钻套  2-钻套螺钉  3-衬套
图 7-29  快换钻套

### 4. 特殊钻套

图 7-30 所示为特殊钻套,适用于特殊场合。图示分别为钻斜孔、台阶下端面钻孔、近距离钻小孔时用的钻套。

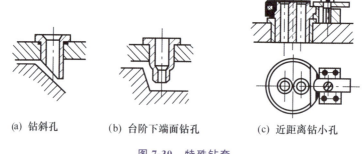

(a) 钻斜孔    (b) 台阶下端面钻孔    (c) 近距离钻小孔

图 7-30  特殊钻套

## 习 题

1. 画图并说明麻花钻的切削部分结构和切削角度。

2. 试述钻头的刃磨方法。

3. 说明麻花钻的顶角、前角、后角和横刃斜角对切削工作的影响。

4. 如何保证孔钻得直、表面质量好?

5. 如何保证孔径钻削得准?

6. 怎样保证孔的位置精度?

7. 在斜面和曲面上钻孔采用什么方法可保证钻孔质量?

8. 试述钻不完整孔的方法和配钻的方法。

9. 在薄板上钻孔要注意什么?

10. 简述在硬质金属材料上钻孔的基本要领。

11. 简述钻模的作用。

## 实训一　钻床操作和维护保养训练

钻床的操作训练中一定要注意用电安全，一定要执行安全规程。训练时首先熟悉台钻、立钻和摇臂钻的结构，再进行空车运行试验；然后安装固定废旧工件作训练用，装夹好钻头进行试转，钻削时注意进给运动的操纵要点。

训练完毕后，要严格按规程对钻床进行清洁和保养。

## 实训二　刃磨麻花钻训练

刃磨麻花钻技术的掌握有一定难度，训练时一定要树立信心，善于学习，不断总结，提高操作水平。训练时可用废旧钻头，利用各种场合去练习。

刃磨麻花钻技术的要点是刃磨时右手握住钻头的头部做定位支点，保证主切削刃在刃磨时处于水平位置，并不断绕轴线转动钻头，压力适中；左手握住钻头柄部做上下摆动（如图7-8所示）。两手要相互配合好，若切削刃先触及砂轮，则一面转动一面向下摆动；若钻头后刀面下部先接触砂轮，则一面转动一面向上摆动。

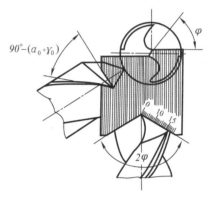

图 X7-1　用样板检查刃磨角度

检查主切削刃的对称和横刃斜角可用样板检验（如图 X7-1 所示）。

## 实训三　在平面上钻孔训练

在工件平面上钻孔之前，需要划线并在中心打上样冲眼，同时划出几个大小不等的圆或几个与中心线对称的方格（如图 X7-2 所示），以便检查。

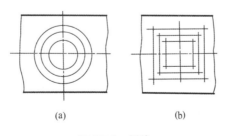

(a)　　　　　　　(b)

图 X7-2　划线

工件装夹一定要稳固，用平口钳时需要有垫木配合。起钻时，先对准样冲眼试钻一浅坑，观察其是否同心以便及时借正。手动进给时，不要用力过大，以免钻头弯曲。钻削过程中要及时断屑。

在即将钻穿工件时，进给力要减小，以免造成事故。

## 一、使孔钻得直、钻得光、孔径钻得准的训练

训练用工件图如图 X7-3 所示。

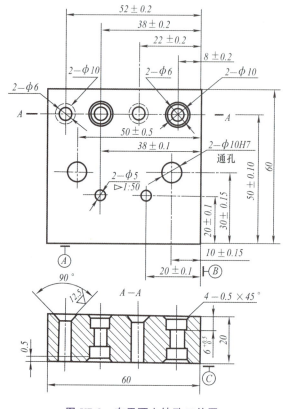

图 X7-3　在平面上钻孔工件图

在钻削时，要使孔钻得直，关键是控制钻头不能摆动。但受台钻的精度等因素影响，钻头都有一定程度的摆动。这就要求尽量减少轴向阻力，也就是手动进给时用力要适当。要使孔钻得光和孔径钻得准，除保证上述要求外，进给量要选择得小些，同时根据工件材料而选择合适的切削速度。

## 二、有位置精度要求的相关孔的钻孔训练

本训练可与上一个训练同时进行。对于有位置精度要求的钻孔，关键是起钻时必须准确。钻好一个孔后，必须及时检查，必要时借正。

## 实训四　在斜面和曲面上钻孔训练

训练用工件图如图 X7-4 所示。在斜面和曲面上钻孔，钻头受到单向径向力的作用而产生偏切。为避免偏切的发生，可先在孔口斜面或曲面上铣出或锉削出一个与孔中心线垂直的平面，然后再钻孔。

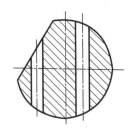

图 X7-4　在斜面和曲面上钻孔工件图

## 钻不完整孔训练

钻骑缝孔工件图如图 X7-5 所示。

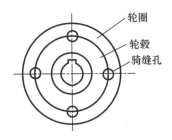

轮圈

轮毂

骑缝孔

图 X7-5　钻骑缝孔工件图

不完整孔分相同材料半圆孔或不同材料骑缝孔两种。若材料相同，可将工件与材料平夹在虎钳上进行钻削；若是不同材料时，可用借料方法完成，即钻孔中心偏向硬材料一边，以抵消硬材料的阻力。

## 配钻孔训练

配钻孔工件图如图 X7-6 所示。

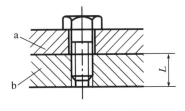

图 X7-6　配钻孔工件图

配钻孔一般是一个工件上的孔（螺孔）已钻好，需在另一配合工件上钻削相应的孔。方法是将对应位置的两工件对准并夹在一起，然后把钻套（或螺纹钻套）装入已有的孔中，用一个与钻套中心相配的钻头在另一个工件上钻一小孔，最后将小孔扩孔，则可保证相应孔的同轴度。

# 实训七　在薄板上钻孔训练

对于较小型的薄板工件，可用手虎钳夹持。在薄板上钻孔时，钻头一般需再刃磨成薄板钻形式，顶角可磨得小些（$2\varphi < 118°$），使主切削刃呈外凸形。

本训练可用废旧薄板（厚度为 $3\sim5\,\text{mm}$）练习。

# 项目八
## 扩孔、锪孔和铰孔

　　本项目专注于机械制造与加工领域的核心技能——扩孔、锪孔与铰孔的学习与实践。通过阐述常用的扩孔、锪孔方法及铰孔技术，为学生构建一个全面而系统的知识体系。无论是麻花钻、扩孔钻还是镗刀的应用，还是圆柱形与锥形沉孔的锪制训练，每一项实训内容都经过精心设计，旨在通过理论与实践的紧密结合，提升学生的操作技能与解决问题能力。

 常用的扩孔方法和注意事项

用扩孔钻（如图 8-1 所示）或麻花钻等工具扩大工件孔径的方法，称为扩孔。扩孔的公差等级可达 IT10～IT9，表面粗糙度 $R_a$ 值可达 6.3～3.2$\mu$m。

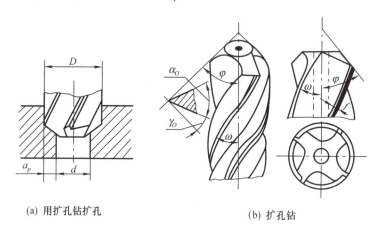

(a) 用扩孔钻扩孔

(b) 扩孔钻

图 8-1 扩孔及扩孔钻

## 一、扩孔钻的结构特点

与麻花钻相比，扩孔钻具有以下特点：

（1）导向性较好。扩孔钻有较多的切削刃，即有较多的刀齿棱边刃，切削较为平稳。因此，扩孔质量比钻孔质量高，故扩孔常作为半精加工或铰孔前的预加工。

（2）可以增大进给量和改善加工质量。由于扩孔钻的钻心较粗，具有较好的刚度，故其进给量为钻孔时的 1.5～2 倍。但切削速度约为钻孔的 1/2。

（3）吃刀深度小。扩孔时 $a_p$ =（$D-d$）/2，如图 8-1（a）所示，故排屑容易，加工表面质量较好。

## 二、扩孔的方法及注意事项

扩孔就是将一个较大的孔分两次或两次以上钻出。一般情况下，若用两把麻花钻分两次加工孔（孔径为 $D$），那么第一次可用直径为（0.5～0.7）$D$ 的钻头加工，第二次用直径为 $D$ 的钻头扩孔；若用扩孔钻扩孔，扩孔前的钻孔直径约为孔径的 9/10。不管用何种方法，必须注意的是两次钻孔时一定要保证工件与钻头的轴线一致，也就是工件固定于工作台上后，扩孔时在原位更换第二个钻头。

 常用的锪孔方法和注意事项

锪孔就是用锪削方法在孔口表面加工出一定形状的孔。主要类型有：圆柱形沉孔、圆锥形沉孔及锪孔的凸台面（如图 8-2 所示）。锪孔的作用是为了保证孔与连接件有正确的相对位置，使连接更可靠。

(a) 圆柱形沉孔

(b) 圆锥形沉孔

(c) 上凸台面

(d) 下凸台面

图 8-2 锪孔的种类

## 一、锪钻

### 1. 柱形锪钻

柱形锪钻用于锪削圆柱形孔，结构如图 8-3 所示。主切削刃是端面刀刃，前角为螺旋槽的螺旋角（$\gamma_0 = \omega = 15°$，后角 $\alpha_0 = 8°$），副切削刃是外圆柱面上刀刃，起修光孔壁的作用。锪钻的前端有导柱，导柱直径与已有的孔用 H7/f7 的间隙配合，使锪钻具有良好的定心作用和导向性。

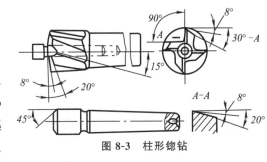

图 8-3 柱形锪钻

锪钻可由麻花钻改制，端面刀刃在锯片砂轮上磨出，导柱的两条螺旋槽的锋口要钝，如图 8-4 所示的平底锪钻。

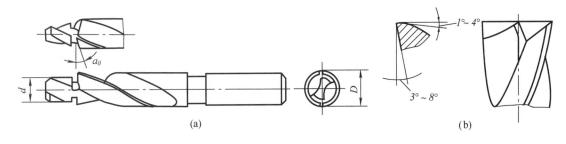

(a)                                    (b)

图 8-4 用钻头改制的柱形锪钻

### 2. 锥形锪钻

锥形锪钻（如图 8-5 所示）用于锪削锥形沉孔。根据工件上锥形沉孔的结构形状不同，锥形锪钻的锥角有 60°、75°、90° 和 120° 四种，以 90° 的最常用。锥形锪钻的齿数根据直径大小而定，直径在 12～60mm 之间的，齿数为 4～12 个。直径越大，齿数越多。前角 $\gamma = 0°$，后角 $\alpha = 6°～8°$。锪钻的锥尖处，每隔一齿将刀刃切去一块，是为了改善刀尖处的容屑和排屑的功能。

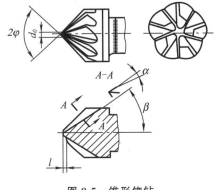

图 8-5 锥形锪钻

### 3. 端面锪钻

端面锪钻专用于锪削孔口端面，结构如图 8-6 所示。其刀杆头部的导向圆柱与工件孔采用 H7/f7 的间隙配合，以保证良好的引导作用。刀杆上安装刀片的方孔轴线与刀杆的轴线垂直，保证了刀片的端面与孔轴线垂直，这样锪削出的端面能与孔的轴线达到良好的垂直度。

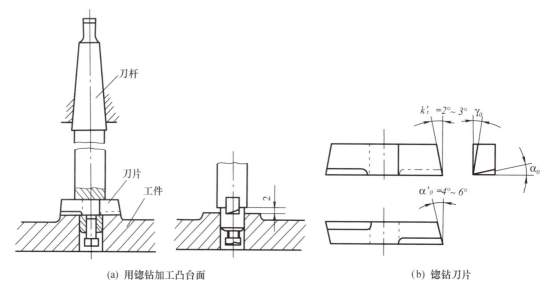

(a) 用锪钻加工凸台面          (b) 锪钻刀片

**图 8-6 端面锪钻**

## 二、锪孔方法及注意事项

要保证锪孔的质量，除了要注意锪钻的主要参数外，还要注意切削速度宜小不宜大，刀杆及工件安装必须牢靠等，如：

（1）避免刀具振动，锪钻要有足够的刚度。

（2）适当减少锪钻的后角和外缘处的前角，可防止扎刀。

（3）锪钻钢件时，要对导柱和切削表面进行润滑。

## 任务三  常用的铰孔方法

铰孔是用铰刀在工件的孔壁上切除微量金属层，以得到精度较高的孔的方法。铰孔后可获得精度 IT7～IT9 的孔，表面粗糙度可达 $R_a 3.2 \sim 0.8 \mu m$。

## 一、铰刀的种类及特点

铰刀按使用方式分为机铰刀和手铰刀，按铰孔形状分为圆柱形铰刀和圆锥形铰刀，按铰刀的容屑槽的形状分为直槽铰刀和螺旋槽铰刀，按结构分为整体式铰刀和调节式铰刀。铰刀材料一般采用高速钢和高碳钢。

## 1. 标准圆柱形铰刀

标准圆柱形铰刀为整体式结构，分为机铰刀和手铰刀两种。其结构与钻头相似，由工作部分、颈部和柄部组成（如图 8-7 所示），容屑槽为直槽。主要参数有：

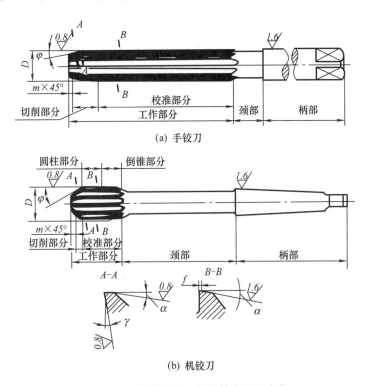

(a) 手铰刀

(b) 机铰刀

图 8-7　标准圆柱铰刀的结构和几何参数

（1）切削锥角 $2\varphi$。铰刀的切削锥角较小。机铰刀用于铰削钢件和其他韧性材料的通孔时，$2\varphi=30°$；铰削铸件及其他脆性材料通孔时，$2\varphi=6°\sim10°$；铰削盲孔时，$2\varphi=90°$。手铰刀的切削锥角 $2\varphi=1°\sim3°$，目的是加长切削部分，提高定心作用，使铰削时省力。

（2）前角 $\gamma$。一般铰刀切削部分前角 $\gamma=0°\sim3°$，校准部分 $\gamma=0°$，这样铰削近似于刮削，可提高表面质量。

（3）后角 $\alpha$。铰刀后角一般为 $6°\sim8°$。

（4）校准部分棱边宽度 $f$。校准部分的刀刃上留有无后角的较窄棱边，在保证导向和修光作用的前提下，应尽可能减少棱边与孔壁的摩擦，故棱边宽度 $f=0.1\sim0.3\text{mm}$。校准部分也可做成倒锥体。

（5）齿数 $Z$。铰刀齿数多，则精度高，磨损小，但刀齿刚度降低，不利排屑。一般铰刀齿数为偶数。直径 $D<20$ 时，$Z=6\sim8$；$D=20\sim50$ 时，$Z=8\sim12$。

（6）铰刀直径 $D$。铰刀直径是铰刀的基本参数，包含铰孔直径及其公差、铰孔时的孔径膨胀量（或收缩量）、铰刀的磨损公差及制造公差等。

## 2. 可调式手铰刀

可调式手铰刀体上开有六条斜向底部的直槽，将六条具有相同斜度的刀片嵌在槽内，刀片的两端用调整螺母和压圈压紧（如图 8-8 所示）。只要调节两端螺母，就可推动刀片沿斜槽底部移动，达到调节铰刀直径的目的。

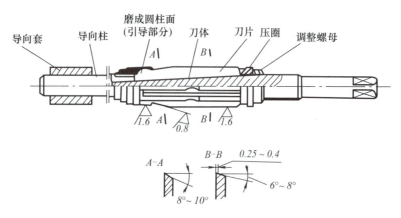

图 8-8　可调节手铰刀

### 3. 锥铰刀

锥铰刀是用来铰削圆锥孔的。有 1∶10 锥铰刀、1∶30 锥铰刀、莫氏锥铰刀、1∶50 锥铰刀四种（如图 8-9 所示）。铰削时全齿切削，较费力。

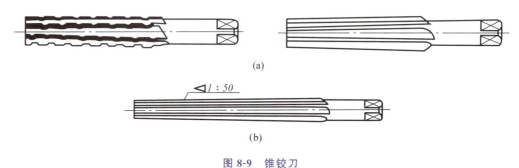

图 8-9　锥铰刀

## 二、铰削方法

正确的铰削方法是选择好铰削余量和铰削时的冷却润滑。当铰孔的批量较大，应尽量采用机铰孔。机铰孔效率高，铰刀回转中心稳定，铰削连续，进刀量均匀，有利于提高质量。

### 1. 铰削余量的选择

铰削余量太小，难以纠正上道工序残留下来的变形和刀痕，易产生啃刮现象，铰刀易磨损；铰削余量太大，切削刃负荷大，切削热增多，孔径易膨胀，孔表面质量下降，切削不平稳。铰削余量一般取孔径的 2%～4%，精铰削时一般取 0.1～0.2mm。

### 2. 切削速度和进给量

机铰时，切削速度和进给量大，将加快铰刀磨损，而太小又影响生产率。一般情况下可这样选择：

对铸铁件，切削速度≤10m/min，进给量＝0.8mm/r。

对钢件，切削速度≤8m/min，进给量＝0.4mm/r。

### 3. 冷却润滑液

铰削时产生的切屑较细碎，易黏附于刀刃或孔壁上，可致使已加工表面拉毛，刀具变形、磨损及散热困难。故此，应在铰削时加入适当冷却润滑液，及时冲洗切屑，冷却润滑工件和刀具，提高铰孔质量。钢件可用 10％～20％乳化液或菜油、猪油、柴油等；铸件可用低浓度乳化液或煤油。

## 三、铰孔时的注意事项

### 1. 手铰孔

（1）装夹牢固可靠。

（2）手铰时两手用力要平衡、均匀、稳定；进给时，一边旋转，一边轻压。

（3）铰刀只能顺时针旋转，否则孔壁会拉毛或崩刃。

（4）当手铰刀被卡住时，不要用力扳转铰杆，而应及时取出铰刀（一边顺时针旋转，一边上提），清除切屑、检查铰刀后再继续缓慢进给。

### 2. 机铰孔

（1）开始铰削时，为了引导铰刀进入，可采用手动进给，当铰刀进入 2～3mm 时，改用机动铰削，以获得均匀的进给量。

（2）采用浮动夹头夹持铰刀，在未吃刀之前，最好用手扶正铰刀慢慢引导接近孔缘，防止铰刀与工件发生撞击。

（3）铰削时，可分几次不停车退出铰刀，以清除铰刀上的切屑和孔内切屑，便于输入冷却润滑液。

（4）在使用中，要注意保护铰刀两端的中心孔，以备刃磨时使用。

（5）铰孔完毕，不停车退出。

## 习 题

1. 简述麻花钻与扩孔钻的异同。

2. 如何用扩孔钻扩孔？

3. 简述镗孔的切削原理。

4. 简述锪孔的加工范围。

5. 锪孔的切削原理是什么？

6. 铰孔的方法是怎样的？

## 实训一　用麻花钻扩孔训练

使用麻花钻进行扩孔，初钻孔时，孔径为扩孔直径的 0.5～0.7 倍。训练时要注意两次钻孔时保证工件与钻头的轴线一致。这要求工件装夹好后就不要更换位置，扩孔时只需更换钻头。训练时可用废旧工件做练习。

## 实训二　用扩孔钻扩孔训练

使用扩孔钻扩孔，需要掌握扩孔钻的刃磨。它的刃磨与麻花钻刃磨相似，要注意的是扩孔钻没有横刃，每条切削刃与主后刀面必须对称。

## 实训三　用镗刀扩孔训练

扩孔也可在镗床、车床上用镗刀进行扩孔，称为镗孔。镗孔的方法和镗刀如图 X8-1 所示。镗孔时先用试切法控制尺寸，用车床的纵向刻度盘或在刀杆上做标记控制孔的深度。同时，要注意刀杆的刚度，切削用量尽可能选择小些，以避免在镗孔时出现振动而影响质量。

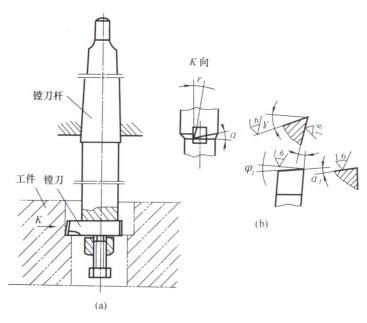

图 X8-1　镗孔和镗刀

镗孔

 **锪圆柱形沉孔训练**

在如图 X8-2 所示的四方体上做锪孔练习。

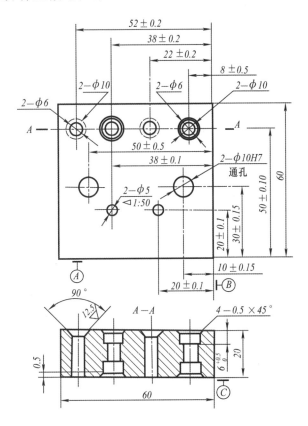

技术要求

1. A、B、C 面互相垂上，且垂直度误差不大于 0.05。

2. 与 A、B、C 面相对的三个平面与 A、B、C 面的平行度误差小大于 0.05。

**图 X8-2　锪孔工件图**

锪孔时，注意要先调整好工件的螺栓通孔与锪钻的同轴度，再夹紧工件。工件夹紧要稳固，以减少振动。锪孔的切削速度应比钻孔的低，手动进给压力不宜过大，并要均匀。

 **锪锥形沉孔训练**

在图 X8-2 所示的工件上做锪削锥形沉孔练习。具体操作要领同锪孔。用柱形锪钻在工件 C 面上锪削 2－φ10 圆柱形沉孔，用 90°锥形锪钻在这两孔端口锪 45°倒角。将零件翻转 180°按上述方法锪削另一面。

# 项目九
## 攻丝和套丝

本项目系统介绍了攻丝和套丝所需的基本工具及其使用方法，详细阐述了确保丝正的要领，为学生提供了常见问题分析框架。通过精心设计的习题与多样化的实训环节，包括手工与机械攻丝训练，以及普通螺纹与管螺纹套丝训练，旨在全方位提升学生的技能水平。

 **攻丝和套丝的工具及其使用方法**

攻丝的常用工具是丝锥和铰手。套丝的常用工具是圆板牙铰手和板牙铰手。

## 一、丝锥和铰手

丝锥的种类有很多，常用的有手用普通螺纹丝锥、机用普通螺纹丝锥、圆锥管螺纹丝锥。丝锥常用高速钢、碳素工具钢或合金工具钢制成。丝锥由工作部分和柄部组成，工作部分由切削锥角 $\varphi$ 形成的长度 $l_1$ 的切削部分和剩下的校准部分组成（如图 9-1 所示）。

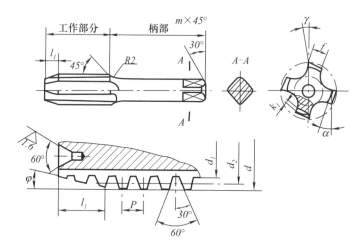

**图 9-1 公制普通螺纹丝锥**

丝锥的几何参数主要有：

（1）切削锥角（$\varphi$）。切削锥角的大小决定着切削量。在两支或两支以上成套的丝锥中，每支丝锥的切削锥角都不同。

（2）前角（$\gamma$）。一般手用和机用丝锥的前角 $\gamma=8°\sim10°$。

（3）后角（$\alpha$）。普通的手用和机用丝锥的切削部分都铲磨出后角 $\alpha=4°\sim6°$。

（4）切削刃方向。标准丝锥的容屑槽有直槽和螺旋槽两种。

（5）倒锥量。在丝锥的校准部分设有（$0.05\sim0.12$）mm/100mm 的倒锥量，是为了减少丝锥的校准部分与螺纹孔的摩擦和扩张量。

为了减少切削力和提高耐用度，手用丝锥常将整个切削量分配给几支丝锥来分担，通常 $M6\sim M24$ 的套装中有两支，$M6$ 以下及 $M24$ 以上的套装中有三支。分配形式有锥形分配（等径分配）和柱形分配（不等径分配）两种。柱形分配有两支一套的和三支一套的，分别按 7.5：2.5 和 6：3：1 分担切削量。

铰手是手工攻螺纹时用的辅助工具，有普通铰手（如图 9-2 所示）和丁字形铰手（如图 9-3 所示）两种。普通铰手有固定铰手和活络铰手两种，固定铰手受方孔规格限制；活络铰手可以调节方孔尺寸，应用范围广。丁字形铰手用于攻制内部螺纹或带台阶工件侧边螺纹。

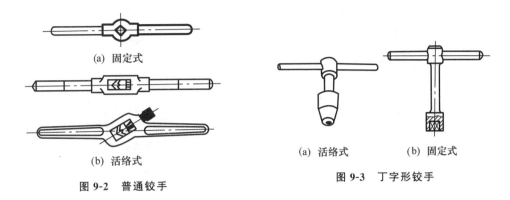

图 9-2　普通铰手　　　　　　　　图 9-3　丁字形铰手

## 二、攻丝的方法

### 1. 攻丝前螺纹底孔直径的确定

攻丝时丝锥的切削刃除切削外还对工件材料产生挤压作用，这要求螺纹底孔的直径必须大于螺纹的内径。螺纹底孔直径的大小，由工件材料的塑性和钻孔时的扩张量来决定，一般可查有关机械手册或用下列经验公式计算。

钢等塑性材料：$d_0 = D - P$

铸铁等脆性材料：$d_0 = D - (1.05 - 1.1) P$

式中，$d_0$——钻螺纹底孔时的钻头直径；

　　　　$D$——螺纹公称直径；

　　　　$P$——螺距。

### 2. 攻丝要点

(1) 攻丝前，螺纹底孔孔口要倒角，若是通孔，两端都要倒角，目的是使丝锥容易切入，并防止攻丝后孔口螺纹崩裂。

(2) 攻丝前，工件的装夹位置要正确，应尽量使螺孔中心线置于水平或垂直位置，使攻螺纹时便于判断丝锥是否垂直于工件平面。

(3) 开始攻螺纹时，应把丝锥放正，用右手掌按住铰手中间沿丝锥中心线加压，此时左手配合做顺时针方向旋进 (如图 9-4 所示)；或双手握住铰手两端施加压力，并将丝锥顺时针方向旋进，此时应注意保持丝锥中心与孔中心线重合，不能歪斜；当切削部分切入工件 1~2 圈时，用目测或角尺检查和校正丝锥位置 (如图 9-5 所示)，当切削部分全部切入工件时，应停止对丝锥施加压力，只需平稳地转动铰手，靠丝锥上的螺纹自然旋进。

(4) 为了避免切屑过长咬住丝锥，攻螺纹时应经常将丝锥反方向转 1/2 圈左右，使切屑碎断后容易排出。

(5) 丝锥退出时，应先用铰手带动螺纹平稳地反向转动，当能用手直接旋动丝锥时，应停止使用铰手，以防铰手带动丝锥时摇摆和振动而破坏螺纹的表面质量。

(6) 在攻螺纹过程中，换用另一支丝锥时应先用手握住丝锥旋入已攻出的螺孔中，直到用手旋不动时再用铰手进行攻螺纹。

(7) 攻塑性材料的螺孔时，要加切削液，以减少切削阻力和提高螺孔的表面质量。一般可用机油或浓度较大的乳化液。

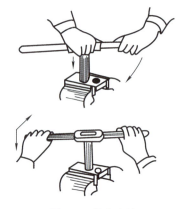

图 9-4　起攻方法

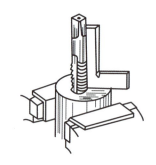

图 9-5　检查攻螺纹的垂直度

### 三、圆板牙和板牙铰手

圆板牙是加工外螺纹的工具，外形像一个螺母，只是在它上面钻削有几个排屑孔并形成刀刃（如图 9-6 所示）。圆板牙两端的锥角 $2\varphi$ 部分是切削部分（一般 $2\varphi = 40° \sim 50°$），板牙中间段是校准部分。

M3.5 以上的圆板牙，其外圆上有四个紧定螺钉坑和一条 V 形槽，如图 9-6 所示，图下面的轴线通过板牙中心的两个螺钉坑，以备用螺钉将圆板牙固定在铰手中，用来传递扭矩。

板牙铰手是手工套螺纹时的辅助工具（如图 9-7 所示）。板牙铰手的外圆处旋有四只紧固螺钉和一只调节螺钉，使用时，紧固螺钉将板牙紧固在铰手中，并传递扭矩。当使用的圆板牙带有 V 形调整槽时，通过调节上面两只紧固螺钉和调节螺钉，可使板牙螺纹直径在一定范围内变动。

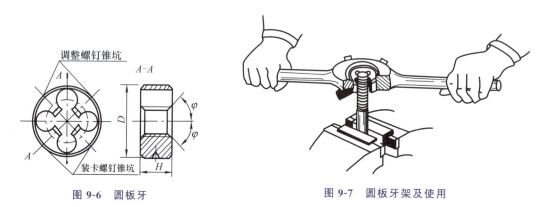

图 9-6　圆板牙　　　　　　　　　　图 9-7　圆板牙架及使用

### 四、套丝的方法

#### 1. 套螺纹前圆杆直径的确定

与攻螺纹一样，用圆板牙在钢料上套螺纹时，螺纹牙尖因受挤压变形，故圆杆直径应比螺纹的大径小一些。圆杆直径可查机械手册或用下列经验公式计算：

$$d_0 \approx d - 0.13P$$

式中，$d_0$——圆杆直径；

　　　$d$——螺纹大径；

　　　$P$——螺距。

### 2. 套螺纹要点

套螺纹时必须注意以下几点：

（1）为使板牙容易对准工件和切入工件，圆杆端部要倒成圆锥斜角15°～20°的锥体（如图9-8所示）。锥体的最小直径可以略小于螺纹小径，使切出的螺纹端部避免出现锋口和卷边。

（2）为防止圆杆在夹持时出现偏斜和夹出痕迹，可将圆杆装夹在用硬木制成的V形钳口或软金属制成的衬垫中（如图9-7所示）。在加衬垫时，准备套螺纹的圆杆部分离钳口应尽量近些。

（3）套螺纹时应保持板牙端面与圆杆轴线垂直，否则套出的螺纹两面会有深有浅，甚至烂牙。

（4）在开始套螺纹时，可用手掌按住板牙中心，适当施加压力并转动铰手。当板牙切入圆杆1～2圈时，应目测检查和校正板牙的位置。当板牙切入圆杆3～4圈时，应停止施加压力，而只需平稳地转动铰手，靠板牙自然旋进套螺纹。

（5）为了避免切屑过长，套螺纹过程中也应经常倒转板牙。

（6）在钢件上套螺纹同样需加切削液进行润滑和冷却。

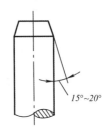

**图9-8 套螺纹前圆杆的倒角**

---

## 任务二　保证攻丝和套丝时丝正的措施

攻丝和套丝时要保证丝正，也就是攻丝时必须保证丝锥轴线与螺纹孔轴线重合；套丝时必须保证板牙轴线与圆杆轴线重合。但在手工操作时，受多种因素影响，要符合上述要求确实有些困难，因此需借助于一些工具。

### 一、攻丝时的措施

攻丝时所用的工具比较简易，主要是在开始攻削时起到控制丝锥与工件平面垂直的作用，以保证螺纹孔的正直。

#### 1. 用光制螺母

在攻丝数量较少，螺纹直径较大的情况下，可选一个同样规格的光制螺母拧在丝锥上，如图9-9（a）所示。开始攻削时，用一手按住螺母使其下端紧贴在工件平面上，另一手转动铰手，这样便于观察和保持丝锥轴线与工件平面垂直，待丝锥的切削部分进入工件后，即可卸下螺母。

#### 2. 用多孔位校正板

在一块平整的钢板上，垂直于底面加工几种经常攻制的螺纹孔，如图9-9（b）所示。攻丝时，将丝锥拧入相应的螺纹孔内，按上述方法，同样达到目的。

#### 3. 用可换套多用校正工具

如图9-9（c）所示是一种多用丝锥校正工具，工具体的底平面与其内孔垂直，内孔装有可按丝锥的不同规格进行更换的导向套。攻丝时将丝锥插入导向套内，然后将工具体压在工件上，即可控制丝锥的轴线方向。

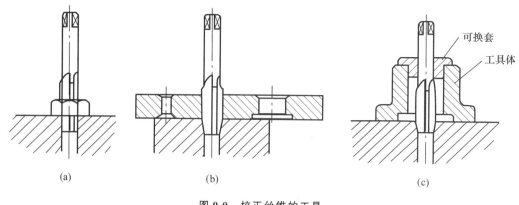

(a)　　　　　　　(b)　　　　　　　(c)

图 9-9　校正丝锥的工具

## 二、套丝时的措施

套丝时要保证丝正，首先圆板牙在铰手内应避免歪斜，顶丝要牢靠；其次工件的夹持要正。开始切削时一定要保证板牙端面垂直于杆坯轴线，顺利切入工件。这对尺寸较大的工件，较容易掌握，但对于直径 M5 以下又较长的螺杆，在套丝过程中容易造成板牙歪斜和杆部弯曲。为防止这种现象，可用如图 9-10 所示工具进行套丝。

第一种方法：将板牙夹头水平夹在虎钳上 [如图 9-10 （a）所示]，工件杆坯用弹性夹头夹紧 [如图 9-10 （b）所示]，用手扳转弹性夹头即可套丝。

第二种方法：将工件杆坯水平装夹在虎钳上，用手摇钻夹住板牙夹头的尾部，操纵手摇钻即可套丝。

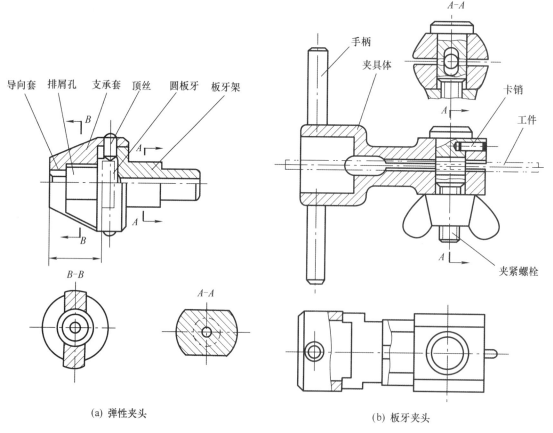

(a) 弹性夹头　　　　　　　　　　(b) 板牙夹头

图 9-10　小直径丝杆套丝工具

# 任务三 常见问题分析

## 一、丝锥折断的处理

攻丝时，若操作方法不当，会使丝锥折断在螺孔中。在取出断丝锥前，应先把孔中的切屑和丝锥碎屑清除干净，以防轧在螺纹与丝锥之间而阻碍丝锥退出。其处理方法有以下几种：

（1）用尖錾或冲头抵在断丝锥的容屑槽中顺着退出方向轻轻敲击，必要时在正反两方向多次敲击使丝锥松动。

（2）先在带方榫的断丝锥上拧上两个螺母，然后用钢丝（根数与丝锥槽数相同）插入断丝锥和螺母的空槽中，再用铰手按退出方向扳动方榫，把断丝锥取出（如图9-11所示）。

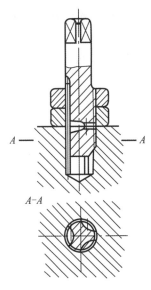

图 9-11 用钢丝插入槽内取出断丝锥的方法

（3）在断丝锥上焊上一个六角螺钉，然后用扳手扳六角螺钉而使断丝锥退出。

（4）先用喷火设备使断丝锥退火，然后用钻头钻一盲孔。此时钻头直径应比螺纹底孔直径略小，钻孔中心对准螺纹杆中心，防止螺纹被钻坏。再打入扁形或方形冲头，再用扳手旋出断丝锥。

## 二、攻丝套丝常见问题及其处理方法

攻丝和套丝都易出现问题，解决的方法是首先找出原因，然后针对原因，采取适当措施解决。现将常见问题分析如下：

### 1. 螺纹牙型烂扣和歪斜

（1）螺纹底孔过小，杆坯直径过大，施加压力不平衡，刀具就易产生摇摆，会将头几扣螺纹切烂、切歪斜。

（2）头锥攻丝不正时，用二锥强行纠正，经常会将部分牙型切烂。

（3）操作时用力过猛，且刀具没有及时倒转断屑，会将切出的牙型啃伤。

### 2．螺纹直径扩大（缩小）及产生锥度

（1）手攻丝时，用力不平衡，铰手掌握不稳，会使螺纹孔攻大甚至攻成"喇叭口"。

（2）套丝时板牙摇摆得厉害，或切入几扣螺纹以后仍继续施加轴向压力，也会将螺纹直径切小。

（3）丝锥、板牙磨损严重时，也会出现上述现象。

### 3．螺纹牙型表面粗糙

（1）丝锥、板牙的几何参数不符合标准，使刀具后面与正加工面摩擦较大，影响螺纹表面质量。

（2）螺纹底孔或杆坯尺寸不合要求，切削余量大，致使切削时发生过分变形，也会恶化螺纹的表面质量。

## 习 题

1．试述丝锥各组成部分的名称、结构特点及其作用。

2．丝锥的容屑槽有直槽和螺旋槽，试分析两种情况的异同。

3．试述手工攻螺纹的工作要点。

4．试述圆板牙各组成部分的名称、结构特点和作用。

5．试述套螺纹工作的要点。

6．分析攻螺纹时产生废品的原因。

7．分析攻螺纹时丝锥损坏的原因。

8．分析套螺纹时产生废品的原因。

## 实训一　手工攻丝训练

手工攻丝工件图如图 X9-1 所示。

训练时一定要按照规定步骤去做，掌握攻螺纹的方法和分析攻螺纹过程产生废品原因及防止产生废品的方法。

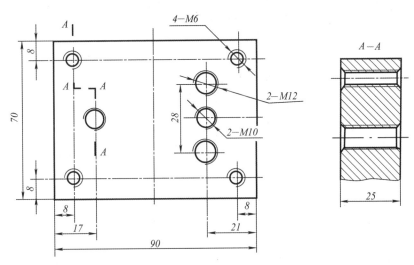

图 X9-1　手工攻丝工件图

工艺过程：

(1) 按图样要求划出螺孔的加工位置线，钻削螺纹底孔并对孔口进行倒角。

(2) 攻 $M6$、$M8$、$M10$ 和 $M12$ 共 8 个螺纹孔。用相应的螺钉进行配检。

(3) 在起攻时，要从两个方向进行对工件平面垂直位置的及时借正。

(4) 在正常攻削螺纹时，要注意控制两手用力均匀及应掌握的最大力度。

## 实训二　机械攻丝训练

机械攻丝工件图如图 X9-2 所示。训练时要加强安全操作观念，掌握机械攻丝的基本技术及其与手工攻丝的区别。

工艺过程：

(1) 按图样要求划出螺孔加工位置线。

(2) 在钻床工作台上用垫木、平口钳安装固定坯件。钻削螺纹底孔并对孔口进行倒角。

(3) 使用钻夹头，换好机用丝锥，检查丝锥轴线。

(4) 攻削时注意使用冷却润滑液。

(5) 用相应螺钉进行配检。

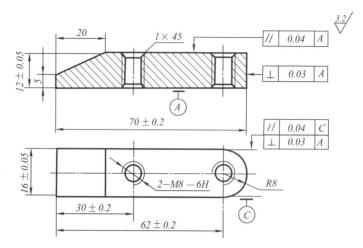

图 X9-2　机械攻丝工件图

　实训三　普通螺纹套丝训练

套丝工件图如图 X9-3 所示。

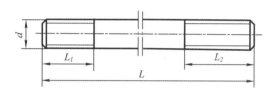

| 编号 | $d$ | $L$ | $L_1$ | $L_2$ |
|---|---|---|---|---|
| 1 | $M8$ | 100 | 20 | 30 |
| 2 | $M10$ | 150 | 20 | 40 |
| 3 | $M12$ | 200 | 20 | 50 |

图 X9-3　套丝工件图

训练时注意掌握套螺纹的方法和分析产生废品的原因及防止产生废品的方法。

工艺过程：

（1）按图样尺寸下料。

（2）套 $M8$、$M10$、$M12$ 三件双头螺柱的螺纹。用相应螺母进行配检。

（3）注意在起套时由于板牙切削部分的锥角较大，导向性较差，必须及时借正。避免螺纹出现深浅甚至烂牙现象。

　实训四　管螺纹套丝训练

管螺纹套丝的训练可用水管作套丝练习。因使用工具较重，训练时需注意安全。训练时注意掌握活络管子板牙的选用和安装方法。

# 项目十
## 矫正、弯曲和铆接

本项目专注于机械加工中的矫正、弯曲与铆接技术，不仅阐述了金属材料的矫正技术、弯曲工艺及铆接方法，还配备了习题与实训项目，如棒料的矫直训练、油管的弯形训练及半圆头铆钉的铆接训练，以强化学生的动手能力。

## 任务一　矫　正

### 一、矫正概述

消除金属板材、型材的不平直或翘曲等缺陷的操作称为矫正。

金属板材或型材的不平直或翘曲变形，主要是由于在轧制或剪切等过程中外力作用下，内部组织发生变化产生的残余应力所引起的。另外，原材料在运输和存放等处理不当时，也会引起变形。

金属材料变形有两种形式：一种是暂时的、可以恢复的变形，称为弹性变形；另一种是永久的、不可恢复的变形，称塑性变形。矫正则是利用材料的塑性变形，去除其不应有的不平直或翘曲等缺陷的操作。因此，只有塑性好的金属材料才能进行矫正。

按矫正时被矫正工件的温度分类，可分为冷矫正和热矫正两种。按矫正时产生矫正力的方法可分为手工矫正、机械矫正、火焰矫正与高频热点矫正等。手工矫正是在平板、铁砧或台虎钳上用手锤等工具进行操作的，矫正时，一般采用锤击、弯曲、延展和伸张等方法进行。

### 二、手工矫正的工具

手工矫正的常用工具有：

（1）平板和铁砧。平板、铁砧和台虎钳是矫正板材和型材的基座。

（2）软、硬手锤。矫正一般材料，通常使用钳工手锤和方头手锤；矫正已加工过的表面、薄钢件或有色金属制件，应使用铜锤、木槌、橡皮锤等软手锤。图 10-1 为木槌矫正板料。

（3）抽条和拍板。抽条是采用条状薄板料弯成的简易手工工具，用于抽打较大面积的板料，如图 10-2 所示。拍板是用质地较硬的檀木制成的专用工具。

（4）螺旋压力工具。适用于矫正较大的轴类零件或棒料，如图 10-3 所示。

（5）检验工具。检验工具包括平板、直角尺、直尺和百分表等。

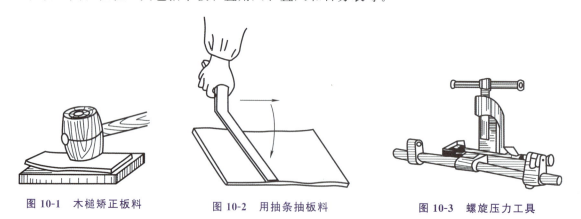

图 10-1　木槌矫正板料　　　　图 10-2　用抽条抽板料　　　　图 10-3　螺旋压力工具

### 三、手工矫正方法

#### 1. 板材矫正

金属板材有薄板（厚度小于 4mm 的板材）和厚板（厚度大于 4mm 的板材）的区别。薄板中又以材料不同分为一般薄板与铜箔、铅箔等。其矫正方法都不一样。

（1）薄板的矫正。薄板主要有中部凸起、边缘呈波浪形以及翘曲等变形，其变形形式和矫正方法如图 10-4 所示。

薄板中间凸起，是由于变形后中间材料变薄，金属纤维拉伸引起的，矫正时可锤击板料边缘，使边缘的材料也变薄，金属纤维也拉伸，当边缘的材料厚度与中间凸起部分的材料厚度一样时，材料就矫平了。如图 10-4（a）所示，箭头所示方向即锤击位置。锤击时，由里向外逐渐由轻到重，由稀到密。如果直接锤击板料的凸起处，则会使凸起部位变得更薄，金属纤维伸展得更长，使凸起更为严重。

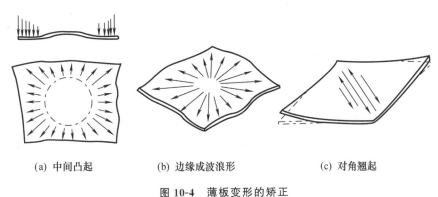

(a) 中间凸起　　　　(b) 边缘成波浪形　　　　(c) 对角翘起

图 10-4　薄板变形的矫正

如果薄板有相邻的几处凸起，应在无凸起交界处轻轻锤击，使几处凸起合并成一处，然后再锤击四周而矫平。

薄板四周呈波浪形，是由于四周变薄而金属纤维伸展引起的，如图 10-4（b）所示。锤击点按图中箭头所示方向，从中间向四周逐渐由重到轻，由密到稀，反复锤打，使板料达到平整。

薄板发生翘曲等不规则变形时，如果是对角翘，则是因为对角线处材料变薄，金属纤维伸长引起的，如图 10-4（c）所示。锤击点应沿没有翘曲的对角线锤击，使其伸展矫平。

薄板发生微小扭曲时，可用抽条从左到右依次抽打平面，如图 10-2 所示。因抽条与板料接触面积较大，受力均匀，容易达到平整的效果。

铜箔、铅箔等薄而软的材料变形时，可将箔片放在平板上，一手按住箔片，一手用木块沿变形处挤压，使其延伸而达到平整的目的。

用氧-乙炔切割下来的板料，边缘处在气割过程中冷却较快，收缩严重，造成切割线附近金属纤维缩短而使板料产生不平。矫平时，锤击点应沿气割边缘处，使其得到适量伸展，才能达到矫平的目的。锤击点在气割边缘处重而密，再向其他处延伸，逐渐轻而稀，达到平整。

（2）厚板矫正。由于厚板刚性较好，可以直接锤击凸起处，使其金属材料纤维压缩而达到平整的目的。

**2. 型钢的矫正**

（1）线材矫直。弯曲的细长线材矫直时，可将线材一端夹在台虎钳上，将另一端的线材在圆木棒上绕一周，握住圆木棒向后拉，使线材伸长而矫直，如图 10-5 所示。

（2）棒材、轴类工件矫直。棒材、轴类工件的变形主要是弯曲。一般是用锤击的方法矫直，直径较大的轴类工件则用螺旋压力工具矫直。矫直时，先检查工件的弯曲程度和弯曲部位，并用粉笔做好弯曲方向的标记。然后将凸部向上、下面两端垫起，用手锤连续锤击凸处，使其上层金属纤维受压收缩，下层金属纤维受拉伸长，使凸起部位消除。对于外形质量要求较高的棒材，为避免直接锤击造成其表面损坏，可用合适的摔锤置于棒材的凸处，然后锤击摔锤的顶部，使其矫直，如图 10-6 所示。

(a) 摔锤

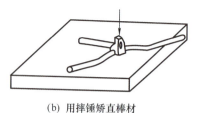

(b) 用摔锤矫直棒材

图 10-5　细长线材矫直

图 10-6　棒材的矫直

直径较大的轴类工件矫直时，先把轴装在顶尖上，用百分表找出弯曲部位，然后将轴放在 V 形铁块上，用螺旋压力工具矫直。压弯时，应适当压过一些，以便弥补因弹性变形而引起的回弹。然后，用百分表再检查轴的弯曲情况，边矫直，边检查，直到符合要求为止。

（3）扁钢的矫正。扁钢的变形有弯曲和扭曲两种。

扁钢在厚度方向上弯曲时，将扁钢凸处向上直接锤击凸处即可矫平，如图 10-7（a）所示。扁钢在宽度方向上弯曲时，因为不便直接锤击其凸处，可用锤子依次锤击扁钢内层，如图 10-7（b）所示，使内层金属纤维伸长，逐渐与外层材料长度相等而使扁钢平直；也可锤击扁钢内层三角区域，使其延伸而达到平直。

扁钢产生扭曲变形，可将扁钢的一端用虎钳夹住，用叉形扳手夹持扁钢另一端，进行反方向扭转，待扭曲变形消失后，再锤击将其矫平，如图 10-8 所示。

手工矫正板材、型材，劳动强度大，生产效率低，只适用于单件生产和没有专用设备的情况。

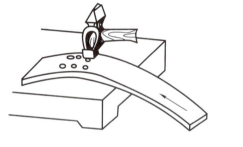

(a) 厚度方向弯曲的矫正

(b) 宽度方向弯曲的矫正

图 10-7　扁钢弯曲的矫正

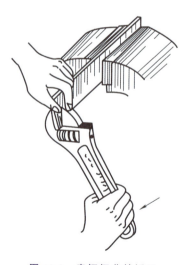

图 10-8　扁钢扭曲的矫正

# 任务二　弯　曲

## 一、弯曲概述

将原来平直的板材、条料、管料、线材等弯成所需要的形状称为弯曲。

弯曲是使材料产生塑性变形，因此只有塑性好的材料才能进行弯曲。图 10-9 为钢板纤维在弯曲前后变化的示意图，可以看出钢板弯曲后外层材料伸长（见图中 $e-e$ 和 $d-d$），内层材料缩短（见图中 $a-a$ 和 $b-b$），而中间一定有一层材料（见图中 $c-c$）在弯曲前、后长度不变，称为中性层。

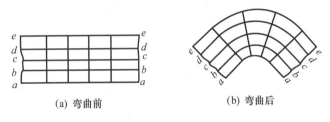

| (a) 弯曲前 | (b) 弯曲后 |

图 10-9　钢板弯曲前后情况

弯曲工件，越靠近材料表面的金属变形越严重，也就越容易出现拉裂或压裂现象。材料相同时，外层材料变形的大小决定于工件的弯曲半径，弯曲半径越小，外层材料变形越大。为了防止弯曲件拉裂（或压裂），必须限制工件的弯曲半径。使材料开裂的临弯曲半径叫最小弯曲半径。

最小弯曲半径的数值由实验确定。常用钢材的弯曲半径如果大于 2 倍材料厚度，一般就不会产生裂纹。如果工件的弯曲半径较小时，可分多次弯曲，中间进行退火，以避免产生弯裂。

材料弯曲虽是塑性变形，但也有弹性变形存在。工件弯曲后，由于弹性变形的回复，使得弯曲角度和弯曲半径发生变化，这种现象称为回弹。工件在弯曲过程中应弯过一些，以抵消工件的回弹。

## 二、弯曲毛坯长度计算

工件弯曲后，只有中性层长度不变，因此计算弯曲工件毛坯长度时，可以按中性层的长度计算。

应该注意，材料弯曲后，中性层一般不在材料正中，而是偏向内层材料一边。经实验证明，中性层的实际位置与材料的弯曲半径 $r$ 和材料厚度 $t$ 有关。

当材料厚度不变时，弯曲半径越大，变形越小，中性层位置愈接近材料厚度的几何中心。

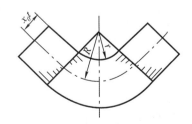

图 10-10　弯曲时中性层的位置

如果材料弯曲半径不变，材料厚度越小，变形越小，中性层就越接近材料厚度的几何中心。在不同弯曲形状的情况下，中性层的位置是不同的，如图 10-10 所示。

表 10-1 为中性层位置系数 $x_0$ 的数值。从表中 $r/t$ 比值可知，当内弯曲半径 $r/t \geqslant 16$ 时，中性层

在材料中间（即中性层与几何中心层重合）。在一般情况下，为简化计算，当 $r/t \geq 8$ 时，即可按 $x_0$ $=0.5$ 进行计算。

表 10-1 弯曲中性层位置系数 $x_0$

| $r/t$ | 0.25 | 0.5 | 0.8 | 1 | 2 | 3 | 4 | 5 | 6 | 7 | 8 | 10 | 12 | 14 | $\geq 16$ |
|---|---|---|---|---|---|---|---|---|---|---|---|---|---|---|---|
| $x_0$ | 0.2 | 0.25 | 0.3 | 0.35 | 0.37 | 0.4 | 0.41 | 0.43 | 0.44 | 0.45 | 0.46 | 0.47 | 0.48 | 0.49 | 0.5 |

图 10-11 所示为常见的几种弯曲形式。图（a）（b）（c）所示为内边带圆弧的制件，图（d）为内边成直角的制件。

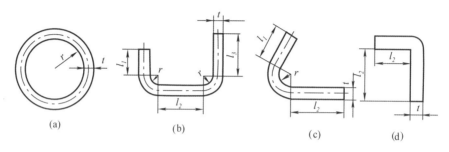

图 10-11 常见的弯曲形式

内边带圆弧制件的毛坯长度等于直线部分（不变形部分）和圆弧中性层长度（弯曲部分）之和。圆弧部分中性层长度，可按下列公式计算：

$$A = \pi (r + x_0 t)(\alpha/180°)$$

式中，$A$——圆弧部分中性层长度，单位 mm；

　　　$r$——弯曲半径，单位 mm；

　　　$x_0$——中性层位置系数；

　　　$t$——材料厚度，单位 mm；

　　　$\alpha$——弯曲角，即弯曲中心角，如图 10-12 所示，单位 °。

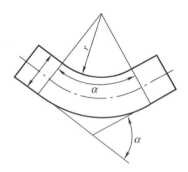

图 10-12 弯形角与弯曲中心角

内边弯曲成直角不带圆弧的制件，求毛坯长度时，可按弯曲前后毛坯体积不变的原理计算，一般采用经验公式计算，取

$$A = 0.5t$$

**例 10-1** 已知图 10-11（c）所示，制件弯曲角 $\alpha = 120°$。内弯曲半径 $r = 16mm$，材料厚度 $t = 4mm$，边长 $l_1 = 50mm$、$l_2 = 100mm$，求毛坯总长度 $l$。

**解：** $r/t = 16/4 = 4$，查表 9-1 得 $x_0 = 0.41$。

$$l = l_1 + l_2 + A = l_1 + l_2 + \pi(r + x_0 t)(\alpha/180°)$$
$$= 50 + 100 + 3.14(16 + 0.41 \times 4)(120°/180°)$$
$$= 186.93 \text{（mm）}$$

**例 10-2** 在图 10-11（d）中，已知 $l_1 = 55mm$，$l_2 = 80mm$，$t = 3mm$，求毛坯长度。

**解：** 图 10-11（d）所示为内边是直角的弯曲制件，所以

$$l = l_1 + l_2 + A = l_1 + l_2 + 0.5t$$
$$= 55 + 80 + 0.5 \times 3$$
$$= 136.5 \text{（mm）}$$

上述毛坯长度的计算结果，由于材料性质的差异和弯曲工艺、操作方法的不同，还会与实际弯曲工件毛坯长度之间有误差。因此，成批生产时，一定要先试验，反复确定坯料的准确长度，以免造成成批废品。

### 三、弯曲方法

工件的弯曲分冷弯和热弯两种。在常温下进行的弯曲称为冷弯，常由钳工完成。当工件较厚时，要在加热的情况下进行弯曲，称为热弯。

冷弯可以利用冲床和模具进行弯曲，也可以利用简单工具进行手工弯曲。这里主要介绍手工弯曲的操作。

#### 1. 板料弯曲

（1）弯直角工件。当工件形状简单，尺寸不大时，可在台虎钳上弯曲。弯曲前，按中性层计算毛坯长度并下料，在弯曲部位划好线。使所划线与钳口（或衬铁）对齐夹持，两边与钳口垂直。用木槌（或手锤）敲打成直角即可。

（2）弯圆弧形工件。先按中性层计算毛坯长度并下料。在毛坯上划出弯曲位置线。弯曲位置线与台虎钳的两块角铁衬垫平装夹，如图 10-13 所示。用手锤锤击，经过如图 10-13（a）（b）（c）三步初步成形，然后在半圆模上修整圆弧，如图 10-13（d）所示，使其形状符合要求。

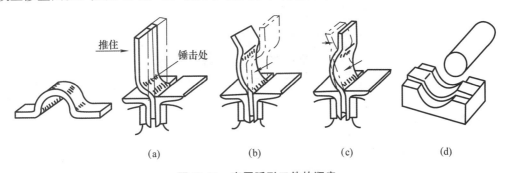

(a)　　　　　　(b)　　　　　　(c)　　　　　　(d)

**图 10-13　弯圆弧形工件的顺序**

（3）弯圆弧和角度结合的工件。弯制如图 10-14（a）所示的工件，先按中性层长度下料，在坯料上划弯曲的位置线。弯曲前，先将两端的半圆形和孔加工好。弯曲时，可用衬垫将板料夹在台虎钳内，先将两端的1、2处弯好，如图 10-14（b）所示。最后在圆钢上弯曲工件圆弧形，如图 10-14（c）所示。

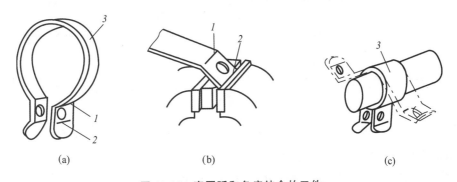

(a)　　　　　　　(b)　　　　　　　(c)

**图 10-14　弯圆弧和角度结合的工件**

#### 2. 油管的弯曲

油管直径在 12mm 以下的，一般用冷弯的方法进行；油管直径在 12mm 以上的，则用热弯的方法。当油管直径在 10mm 以上时，为了防止管子变形，必须在管内灌满干砂（灌砂时用木棒敲击管子，将砂子灌满，弯管时不易变形），两端用木塞塞紧，如图 10-15（a）所示。对于有焊缝的管子，焊缝必须放在中性层位置上，如图 10-15（b）所示，以免因变形过大而使焊缝裂开。

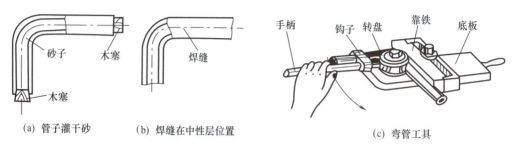

(a) 管子灌干砂　　　(b) 焊缝在中性层位置　　　　(c) 弯管工具

图 10-15　冷弯管子及弯管工具

　　冷弯油管通常在弯管工具上进行。如图 10-15（c）所示就是一种结构简单的弯曲小直径油管的弯管工具，它是由底板、转盘、靠铁、钩子和手柄等组成的。当转盘和靠铁位置固定后，即可使用。使用时，将油管插入转盘和靠铁间的圆弧槽中，钩子钩住管子，按所需弯曲形状，扳转手柄使管子跟随手柄弯到所需角度。

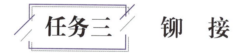

# 任务三　铆　接

铆　接

## 一、铆接概述

### 1. 铆接及其应用

用铆钉连接两个或两个以上工件的操作称为铆接。如图 10-16 所示的是手工铆接的基本过程。

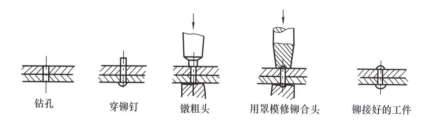

钻孔　　　穿铆钉　　　镦粗头　　用罩模修铆合头　　铆接好的工件

图 10-16　铆接过程

铆接具有操作方便、工艺简单和连接可靠等特点，在桥梁、机车、船舶制造等方面有较广泛的使用。

### 2. 铆接种类

（1）按使用要求分类。按铆接使用要求不同可分为以下两种：

① 活动铆接（铰链铆接）。它的结合部分可以相互转动，如钢丝钳、剪刀、合页、划规、卡钳等的铆接，如图 10-17 所示。

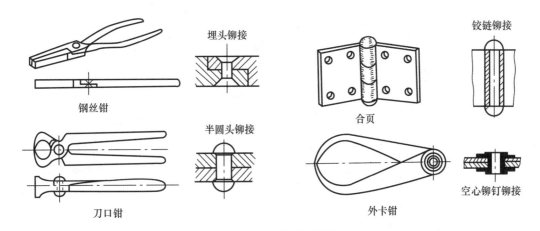

图 10-17 活动铆接种类

② 固定铆接。它所结合的部位是固定不动的。这种铆接按用途和要求不同，还可分为：强固铆接、紧密铆接和强密铆接。强固铆接（坚固铆接）应用于结构需要有足够的强度、承受强大作用力的地方，如桥梁、车辆和起重机等；紧密铆接应用于低压容器装置，这种铆接虽然只能承受很小的均匀压力，但要求接缝处非常严密，以防止渗漏，如气筒、水箱、油罐等；强密铆接（坚固紧密铆接），这种铆接既要能承受很大的压力，又要接缝非常紧密，即使在较大压力时，液体或气体也保持不渗漏，一般应用于锅炉、压缩空气罐及其他高压容器的铆接。

（2）按铆接方法分类。按铆接方法不同，铆接还可分为如下三种：

① 冷铆。铆接时，铆钉不需加热，直接镦出铆合头。直径在 8mm 以下的钢制铆钉都可以用冷铆方法铆接。采用冷铆时铆钉的材料必须具有较高的塑性。

② 热铆。先把整个铆钉加热到一定温度，然后再铆接。因铆钉受热后塑性好，容易成型，而且冷却后铆钉杆收缩，还可加大结合强度。热铆时要把铆钉孔直径放大 0.5～1mm，使铆钉在热态时容易插入，直径大于 8mm 的钢铆钉多用热铆。

③ 混合铆。在铆接时，只把铆钉的铆合头端部加热。对于细长的铆钉，采用这种方法可以避免铆接时铆钉杆的弯曲。

### 3. 铆钉

现有的铆钉种类很多，新式铆钉也不断出现，以下只介绍几种常见的铆钉。

（1）铆钉种类。铆钉按形状、用途和材料不同可分为以下几种：

① 按铆钉的形状分。常用的有平头、半圆头、沉头、半圆沉头、管状空心和皮带铆钉等，如表 10-2 所示。

② 按铆钉材料分。有钢铆钉、铜铆钉和铝铆钉等。

表 10-2 铆钉种类及应用

| 名称 | 形状 | 应用 |
|---|---|---|
| 平头铆钉 |  | 铆接方便，应用广泛，常用于无特殊要求的铆接中，如铁皮箱盒、防护罩壳及其他结合件中 |
| 半圆头铆钉 |  | 应用广泛，如钢结构的屋架、桥梁和车辆、起重机等常用这种铆钉 |

续表

| 名称 | 形状 | 应用 |
|------|------|------|
| 沉头铆钉 | | 应用于框架等制品表面要求平整的地方,如铁皮箱柜的门窗以及有些手用工具等 |
| 半圆沉头铆钉 | | 用于有防滑要求的地方,如踏脚板和走路梯板等 |
| 管状空心铆钉 | | 用于在铆接处有空心要求的地方,如电器部件的铆接等 |
| 皮带铆钉 | | 用于铆接机床制动皮带以及铆接毛毡、橡胶、皮革材料的制件 |

(2)铆钉的标记一般要标出直径、长度和国家标准序号,例如:

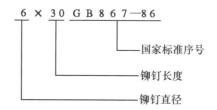

6 × 30 GB867—86

国家标准序号
铆钉长度
铆钉直径

### 4. 铆接工具

铆接时,常用的手工工具主要有以下几种:

(1)手锤。常用的为圆头和方头手锤。专门用于铆接的手锤,称为铆接手锤,它的特点是锤身较长而略带弯形,以便铆接箱盒里角处。手锤的重量一般按铆钉直径的大小来选取,通常使用 0.2~0.5kg 的小手锤。

(2)压紧冲头。如图 10-18(a)所示为压紧冲头。当铆钉插入铆钉孔内后,用它将被铆合的板料制件相互压紧。

(3)罩模和顶模。如图 10-18(b)(c)所示,罩模和顶模都有半圆形凹球面(也有按平头铆钉头部制成凹形的),按照铆钉半圆头尺寸,经淬火和抛光制成。罩模是用来修整铆合头的。顶模的柄部有两个互相平行的平面,以便装夹,其上端凹球面用作铆钉头的支撑。

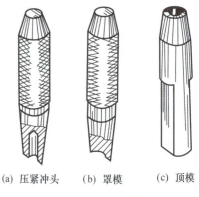

(a) 压紧冲头　(b) 罩模　(c) 顶模

**图 10-18　铆接工具**

## 二、铆接计算

### 1. 铆钉直径的确定

铆钉直径的大小与被连接板的厚度、连接形式以及被连接板的材料等多种因素有关。当被连接的两板材厚度相同时,铆钉直径等于单板厚的 1.8 倍;当被连接板材厚度不同时,铆钉直径一般取被连接板中最小板厚的 1.8 倍。也可按表 10-3 选用。

表 10-3　铆钉直径与板料厚度之间的关系

| 板料厚度 $t$ /mm | 5～6 | 7～9 | 9.5～12.5 | 13～18 | 19～24 | 25 以上 |
|---|---|---|---|---|---|---|
| 铆钉直径 $d$ /mm | 10～12 | 14～15 | 20～22 | 24～27 | 27～30 | 30～36 |

表 10-3 中板料厚度的选用原则如下：

① 两块板料的厚度接近时，按厚板料的厚度去选取。

② 两块板料的厚度相差较大时，按薄板料的厚度去选取。

③ 板料与型材（型钢）铆接时，按两者的平均厚度选取。

铆接时，板料的总厚度不能超过铆钉直径的 5 倍。

**2. 铆钉长度的确定**

铆接时，铆钉长度为被铆接件的总厚度加上为铆合头留出的长度。因此，半圆头铆钉铆合头所需长度应为圆整后铆钉直径的 1.25～1.5 倍，沉头铆钉铆合头所需长度应为圆整后铆钉直径的 0.8～1.2 倍。

**3. 通孔直径的确定**

铆接时，通孔直径的大小应随着连接要求不同而有所变化。如孔径过小，使铆钉插入困难；过大，则铆合后的工件容易松动。合适的通孔直径应按表 10-4 选取。

表 10-4　铆钉直径与铆钉孔径的选用

| 铆钉下径 $d$/mm | | ～2.5 | 3，3.5 | 4 | 5～8 | 10 | 12 | 14，16 | 18 | 20～27 | 30，36 |
|---|---|---|---|---|---|---|---|---|---|---|---|
| 铆钉孔径 /mm | 精装配 | $d+0.1$ | $d+0.2$ | $d+0.3$ | $d+0.4$ | $d+0.5$ | | | | | |
| | 精装配 | $d+0.2$ | $d+0.4$ | $d+0.5$ | $d+0.6$ | $d+1$ | | | $d+1$ | $d+1.5$ | $d+2$ |

**例 10-3**　用沉头铆钉搭接厚 2mm 和 5mm 的两块钢板，如何选择铆钉的直径、长度及铆钉孔径？

**解：**
$$d = 1.8t = 1.8 \times 2 = 3.6 \text{（mm）}$$

按表 10-4 圆整后，取 $d = 4$（mm）。

$$L = L_{铆合头} + L_{总厚}$$
$$L_{铆合头} = (0.8 \sim 1.2) \times d$$
$$= (0.8 \sim 1.2) \times 4$$
$$= 3.2 \sim 4.8 \text{（mm）}$$
$$L_{总厚} = 2 + 5 = 7 \text{（mm）}$$
$$L = 10.2 \sim 11.8 \text{（mm）}$$

铆钉孔径，在精装配时为 4.3mm；在粗装配时为 4.5mm。

## 三、铆接连接的基本形式与铆钉的排列

### 1. 铆接连接的基本形式

（1）搭接。一块板搭在另一板上的铆接，叫作搭接，如图 10-19 所示。

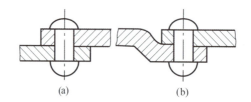

图 10-19　搭接

（2）对接。将两块板置于同一平面上，在板面上方覆盖一块或上下方各覆盖一块盖板，一同铆接起来，这种铆接叫作对接，如图 10-20 所示。

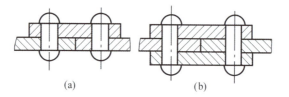

图 10-20　对接

（3）角接。将两个互相垂直或组成一定角度的连接件铆接起来，叫作角接，如图 10-21 所示。

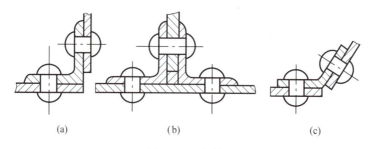

图 10-21　角接

#### 2. 铆钉的排列

铆钉的排列有单排、双排、多排几种形式。在双排或多排铆钉排列形式中又可分平行式和交错式两种，如图 10-22 所示。

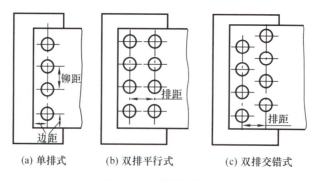

(a) 单排式　　(b) 双排平行式　　(c) 双排交错式

图 10-22　铆钉的排列

（1）铆距。一排铆钉中，两个铆钉中心的距离叫作铆距。一般铆距为铆钉直径的 4～8 倍。

（2）排距。一排铆钉的中心线与相邻一排铆钉中心线的距离叫排距。一般排距为铆钉直径的 2.5～4 倍。

（3）边距。铆接缝或板料边缘到铆钉中心的距离叫边距。一般边距为铆钉直径的 1.5～2.5 倍。

## 四、铆接方法

### 1. 半圆头铆钉的铆接

铆接过程：

（1）在铆接件上划线，确定铆钉中心位置，打出样冲眼。

（2）按确定的铆钉孔直径钻出通孔，孔口倒角。

（3）将铆钉插入孔内，顶模顶住铆钉头，用压紧冲头冲紧铆合面，如图 10-23（a）所示。

（4）用手锤粗镦铆钉杆伸出部分，使铆钉与铆接件连接起来，如图 10-23（b）所示。

（5）用手锤把铆合头锤成半圆头形，如图 10-23（c）所示。

（6）用罩模修整铆合头成半圆头形，如图 10-23（d）所示。

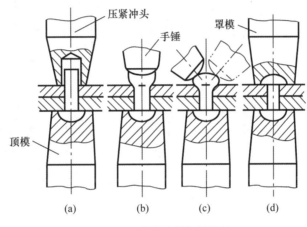

图 10-23　半圆头铆钉的铆接

### 2. 沉头铆钉的铆接

若用标准的沉头铆钉铆接，则铆接过程与半圆头铆钉的铆接过程相同，只是沉头铆钉的铆合锤成平头就是了。

若用圆钢作铆钉来铆接，则铆接过程如图 10-24 所示。

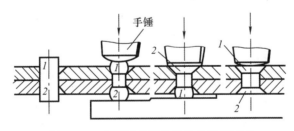

图 10-24　用圆钢作沉头铆钉的铆接过程

### 3. 空心铆钉的铆接

铆接过程：

（1）～（3）步同半圆头铆钉的铆接。

（4）用 90°锥角的冲头将铆钉伸出端的孔口冲成喇叭口，如图 10-25（a）所示。

（5）用成型冲头将孔口翻平，如图 10-25（b）所示。

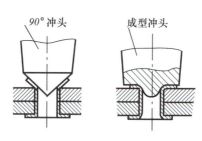

图 10-25　空心铆钉的铆接

## 五、铆接的废品形式、产生原因及防止产生废品的方法

铆接的废品形式如图 10-26 所示，其产生原因及防止产生废品的方法见表 10-5。

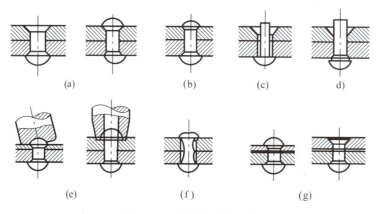

图 10-26　铆接的废品形式

表 10-5　铆接的废品形式、其原因以及防止产生废品的方法

| 废品形式 | 产生原因 | 防止产生废品的方法 |
|---|---|---|
| 铆合头偏斜，<br>图 10-26（a） | ①铆钉杆太长；<br>②铆钉孔偏斜，孔未对准；<br>③镦粗铆合头时，方向与板料不垂直 | ①正确计算铆钉长度；<br>②孔要钻正，插入铆钉孔应同心；<br>③镦粗时，锤击力要保持与板料垂直 |
| 铆合头不光洁有凹痕，<br>图 10-26（b） | ①罩模工作表面不光洁；<br>②锤击时用力过大，连续快速锤击，将罩模弹回时棱角碰伤铆合头 | ①检查罩模并抛光；<br>②锤击力要适当，速度不要太快，把稳罩模 |
| 埋头孔没填满，<br>图 10-26（c） | ① 铆钉杆长度不够；<br>② 镦粗时，方向与板料不垂直 | ① 正确选定铆钉杆长度；<br>② 铆钉方向与锤击要和工件垂直 |
| 原铆合头没贴紧工件，<br>图 10-26（d） | ① 铆钉孔直径太小；<br>② 孔口没倒角 | ① 正确选定铆钉孔直径；<br>② 孔口应倒角 |
| 工件上有凹痕，<br>图 10-26（e） | ① 罩模放置歪斜；<br>② 罩模太大 | ① 罩模应放正；<br>② 罩模应与铆合头相等 |
| 铆钉杆在孔内弯曲，<br>图 10-26（f） | ① 铆钉孔太大；<br>② 铆钉杆直径太小 | ① 正确选定铆钉孔直径；<br>② 铆钉杆直径应符合标准要求 |
| 工件之间有间隙，<br>图 10-26（g） | ① 工件板料不平整；<br>② 板料没压紧贴合 | ① 铆接前应平整板料；<br>② 用压紧冲头将板料压紧贴合 |

## 六、铆钉的拆卸方法

要拆除铆钉，只有将一端的铆钉头去掉，才能用冲头把铆钉冲出。

### 1. 沉头铆钉的拆卸

先在铆钉头的中心位置冲出中心眼，用小于铆钉直径 1mm 的钻头钻孔，钻孔深度比沉头部分稍深一些如图 10-27（a）中的 $l_0 > l$ 即可，然后用小于孔径的冲头冲出铆钉。

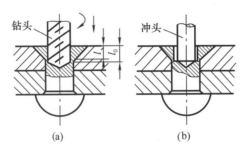

图 10-27　沉头铆钉的拆卸

### 2. 半圆头铆钉的拆卸

（1）对于小尺寸的铆钉，可用錾子錾掉一端的铆钉头，再用冲头冲出铆钉，如图 10-28（a）（d）所示。

（2）对于中、大尺寸的铆钉，可先在一端铆钉头上的中心打一样冲眼，用直径比铆钉直径小 1mm 的钻头钻孔，钻孔深度要略大于铆钉头的高度，然后用与钻头直径尺寸一致的圆铁棒插入孔内，撬掉铆钉头，再用冲头冲出铆钉，如图 10-28（b）（c）（d）所示。

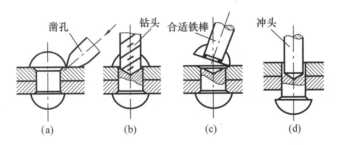

图 10-28　半圆头铆钉的拆卸

## 习　题

1. 简述薄板出现相邻处几个凸起时的矫正方法。

2. 如图 10-11（b）所示工件，$l_1 = 50\text{mm}$，$l_2 = 100\text{mm}$，$l_3 = 100\text{mm}$，$r = 15\text{mm}$，$t = 5\text{mm}$，求毛坯的长度。

3. 什么叫铆接？如何分类？

4. 用半圆头铆钉搭接连接板厚为 5mm 和 2mm 的两块钢板，求铆钉的直径和长度。

# 实训一 棒料的矫直训练

## 一、图纸及技术要求

如图 X10-1 所示。

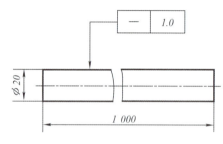

**图 X10-1 棒料矫直技术要求**

## 二、工具

变形棒料、手锤、平板等。

## 三、工艺过程

(1) 识读、分析图样,了解技术要求。

(2) 选择所需的工具。

(3) 检查棒料的弯形位置和变形程度。

(4) 用粉笔在弯曲的棒料上作出变形部位的记号。

(5) 将棒料的凸起部位向上,用手锤锤击棒料的凸起部位,使棒料上层受压力而缩短,下层受拉力而伸长。

(6) 锤击棒料全长(用力稍轻)。

(7) 重复以上操作,直到棒料矫直为止。

(8) 检查矫直质量。

(9) 工作完毕后,清理工作现场。

## 四、注意事项

(1) 锤击时尽量不损坏表面,必要时可用摔锤。

(2) 工作时边矫直、边检查。

(3) 做到安全、文明生产。

# 实训二　油管的弯形训练

## 一、图纸及技术要求

如图 X10-2 所示。

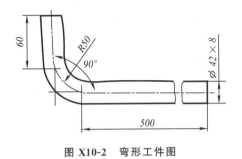

图 X10-2　弯形工件图

## 二、工具

管件、弯管机、扳手、样板等。

## 三、工艺过程

（1）识读、分析图样，了解技术要求。

（2）做好各项准备工作。

（3）先将所选的胎具放在弯管机架左侧，并对正螺柱装上螺母，然后用扳手紧固螺母，并将芯棒插在弯管机机尾的芯棒孔中如图 X10-3 所示。

（4）在芯棒上涂上润滑油，两手持管件，将管件通过卡头插入芯棒中 30~40mm。

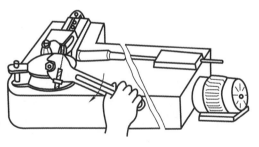

图 X10-3　弯管机及其操作

（5）手持顶手轮，按尺寸要求顶紧管子。

（6）按下弯管机的启动按钮，弯管机开始运转。

（7）将管件弯到所需角度后，使胎具再多旋转 3°~5°，弯头即弯好。

（8）停机，取下工件，检查工件。

（9）检查时应用样板作透光检查，若不透光，则弯形合格；若透光，说明存在间隙，必须再在弯管机上按上述步骤进行修整，直至合格为止。

## 四、注意事项

（1）所选择的芯棒及弯管胎具必须与图样相符。

（2）工作中勤于检查，保证弯形质量达到图纸要求。

（3）做到安全、文明生产。

# 实训三　用半圆头铆钉铆接工件训练

## 一、图纸及技术要求

如图 X10-4 所示。

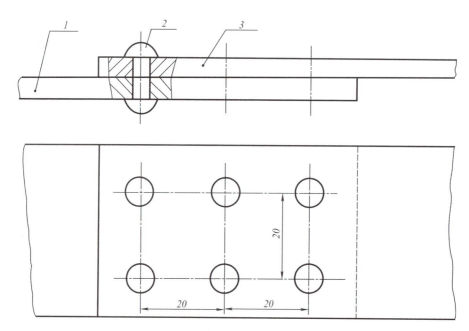

图 X10-4　半圆头铆钉铆接工件图

## 二、工具

半圆头铆钉、工件、钻床、钻头、手锤、镦紧工具、划线工具等。

## 三、工艺过程

(1) 识读、分析铆接图样，了解技术要求。

(2) 做好铆接前的各项准备工作。

(3) 将铆接工件划线、钻孔、倒角。

(4) 将半圆头铆钉插入铆钉孔内。

(5) 用顶模顶在铆钉的半圆头上，并用手锤敲击压紧冲头，使铆接件压紧贴合。

(6) 用手锤逐渐将铆钉伸出部分镦粗，使铆合头初步成型。

(7) 用罩模修整铆合头。

## 四、注意事项

(1) 两铆合件之间不得存在间隙。

(2) 铆合后铆钉头应无偏斜现象，且完整光洁。

(3) 做到安全、文明生产。

# 项目十一
# 综合技能训练

本项目为综合技能训练，涵盖了制作划规、锯弓、铰手、台虎钳以及结合生产、教学的需要，自行设计并制造一副钻模或钳工工具等一系列实训内容。从基础的工具制作到实际需求，学生们将在此项目中接受综合的技能培训。

# 实训一　制作划规训练

## 一、训练要求

（1）能综合应用划线、锯割、锉削、钻孔、矫正、铆接、车削、铣削的技能制作工具。

（2）能制订零件加工的工艺规程。

划规及其零件图，如图 X11-1（a）（b）所示。

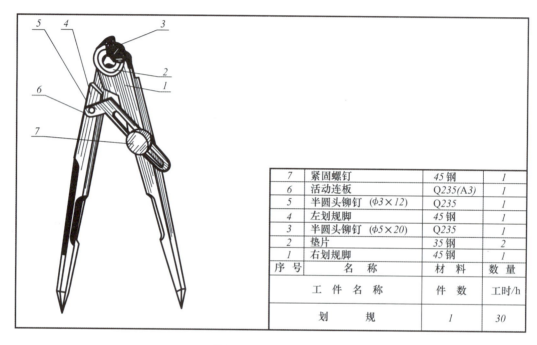

| 7 | 紧固螺钉 | 45 钢 | 1 |
| --- | --- | --- | --- |
| 6 | 活动连板 | Q235(A3) | 1 |
| 5 | 半圆头铆钉（φ3×12） | Q235 | 1 |
| 4 | 左划规脚 | 45 钢 | 1 |
| 3 | 半圆头铆钉（φ5×20） | Q235 | 1 |
| 2 | 垫片 | 35 钢 | 2 |
| 1 | 右划规脚 | 45 钢 | 1 |
| 序　号 | 名　称 | 材　料 | 数　量 |
| 工　件　名　称 | | 件　数 | 工时/h |
| 划　规 | | 1 | 30 |

图 X11-1（a）　划规

## 二、工艺过程

学生在教师的指导下制订工艺过程。

（1）左、右两划规脚：钳工配作。

（2）加工活动连板：下料、划线、打样冲眼后，用铣床加工。

（3）垫片和紧固螺钉：用车床加工。

（4）半圆头铆钉：外购。

（5）装配。

## 三、注意事项

（1）φ5 铆孔的孔心必须位于划规脚的内侧面的延伸面上，否则两划规脚的内侧面不能贴合。

（2）两个$\phi$5铆孔要在两脚内侧面贴合后，夹稳的情况下同时钻出。然后铰孔，使孔的精度更高，表面更光滑。

（3）两铆合面平整光滑，贴合面积不小于85%，以保证铆接后两脚转动的松紧程度一致。

（4）划规脚上120°角的顶点必须保持在脚的内侧面上，两脚的120°角要配锉，配合间隙小于0.05。

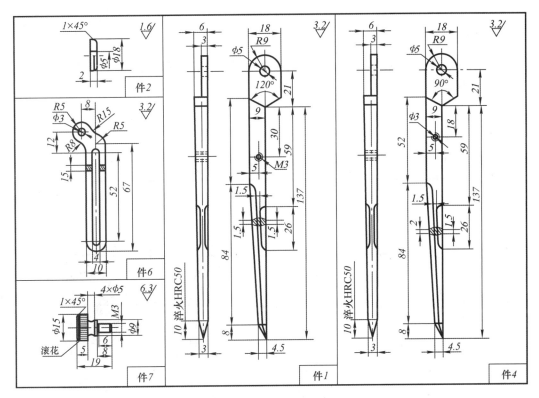

图 X11-1（b）　划规零件图

# 实训二　制作锯弓训练

制作锯弓训练

锯弓装配图和零件图，如图 X11-2（a）（b）所示。

## 一、训练要求

（1）能综合应用划线、锯割、锉削、矫正、弯曲、铆接、钻孔等技能制作工具。
（2）能制订制作锯弓的工艺规程。

## 二、工艺过程

由教师指导学生自行制订工艺过程。

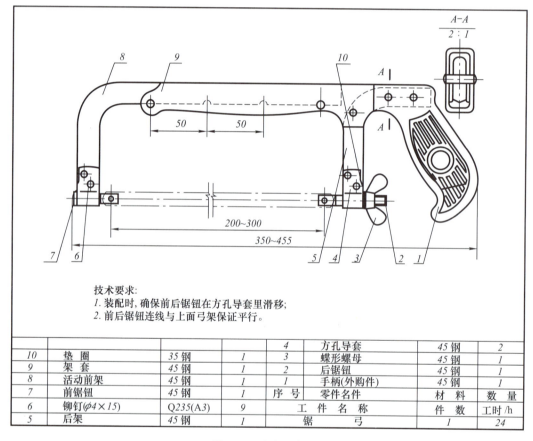

技术要求:
1. 装配时, 确保前后锯钮在方孔导套里滑移;
2. 前后锯钮连线与上面弓架保证平行。

| 10 | 垫 圈 | 35 钢 | 1 | | 4 | 方孔导套 | 45 钢 | 2 |
| 9 | 架 套 | 45 钢 | 1 | | 3 | 蝶形螺母 | 45 钢 | 1 |
| 8 | 活动前架 | 45 钢 | 1 | | 2 | 后锯钮 | 45 钢 | 1 |
| 7 | 前锯钮 | 45 钢 | 1 | | 序 号 | 零件名件 | 材 料 | 数 量 |
| 6 | 铆钉($\phi 4 \times 15$) | Q235(A3) | 9 | | 工 件 名 称 | | 件 数 | 工时 /h |
| 5 | 后架 | 45 钢 | 1 | | 锯　弓 | | 1 | 24 |

图 X11-2（a）　锯弓

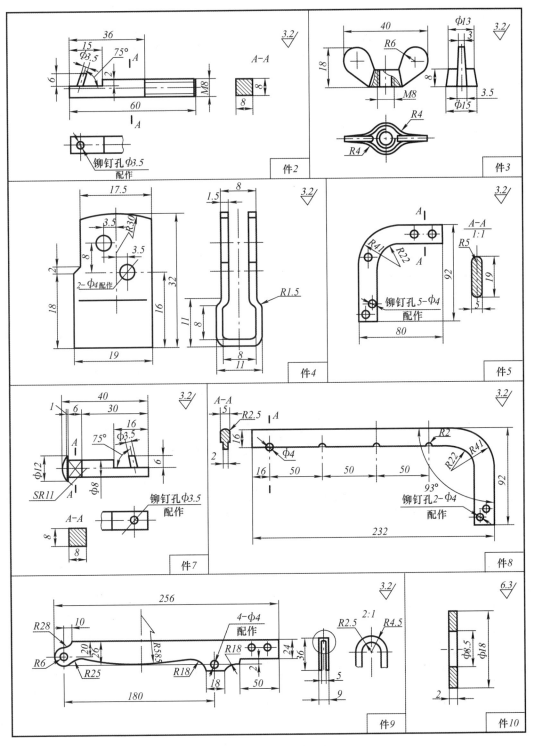

图 X11-2（b）　锯弓零件图

# 实训三 制作铰手训练

铰手装配图和零件图，如图 X11-3（a）（b）所示。

## 一、训练要求

（1）能综合应用钳工、车工、铣工的技能制作工件。
（2）能自行制订工件的加工工艺。

## 二、工艺过程

由学生自己制订工艺过程，教师进行审核。要求将车，铣、钳三个工种的技能综合应用。

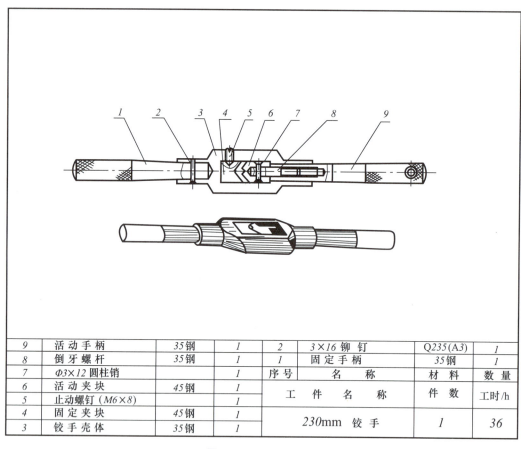

| 9 | 活 动 手 柄 | 35钢 | 1 | 2 | 3×16 铆 钉 | Q235(A3) | 1 |
|---|---|---|---|---|---|---|---|
| 8 | 倒 牙 螺 杆 | 35钢 | 1 | 1 | 固 定 手 柄 | 35钢 | 1 |
| 7 | Φ3×12 圆柱销 | | 1 | 序号 | 名 称 | 材 料 | 数 量 |
| 6 | 活 动 夹 块 | 45钢 | 1 | 工 件 名 称 | | 件 数 | 工时/h |
| 5 | 止动螺钉（M6×8） | | 1 | | | | |
| 4 | 固 定 夹 块 | 45钢 | 1 | *230mm 铰 手* | | *1* | *36* |
| 3 | 铰 手 壳 体 | 35钢 | 1 | | | | |

图 X11-3（a） 铰手

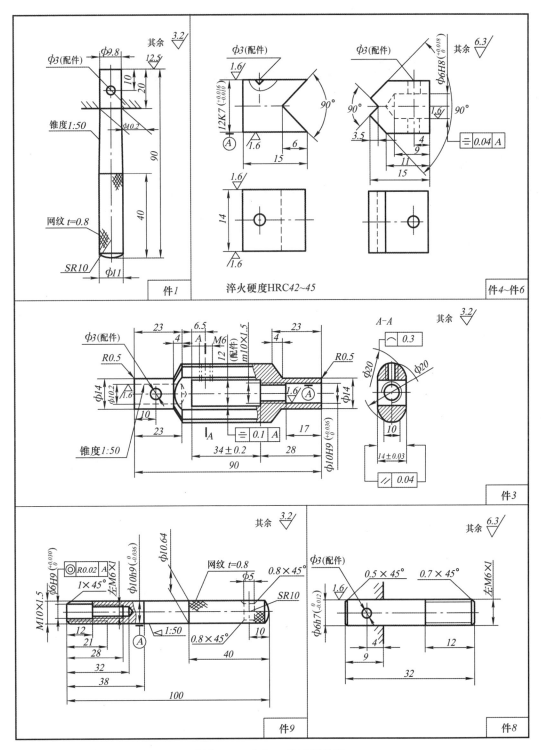

图 X11-3 (b)　铰手零件图

# 实训四 制作台虎钳训练

台虎钳装配图和零件图，如图 X11-4（a）（b）（c）（d）（e）所示。

## 一、训练要求

（1）提高综合应用钳、车、铣等工种的技能，能独立制作较复杂的工件。
（2）能自己制订较复杂工件的加工工艺。

## 二、工艺过程

学生自己制订加工工艺，由教师审核。要求将钳、车、铣三个工种的技能综合应用。

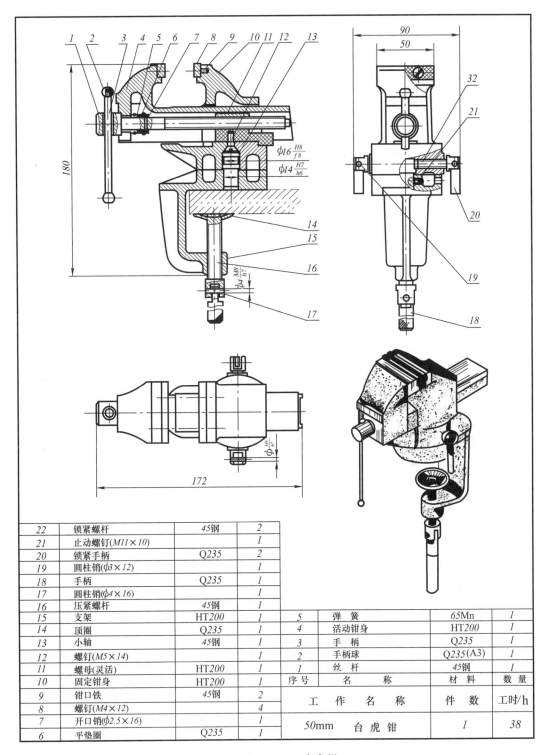

| 22 | 锁紧螺杆 | 45钢 | 2 |
|---|---|---|---|
| 21 | 止动螺钉(M11×10) | | 1 |
| 20 | 锁紧手柄 | Q235 | 2 |
| 19 | 圆柱销(φ3×12) | | 1 |
| 18 | 手柄 | Q235 | 1 |
| 17 | 圆柱销(φ4×16) | | 1 |
| 16 | 压紧螺杆 | 45钢 | 1 |
| 15 | 支架 | HT200 | 1 |
| 14 | 顶圈 | Q235 | 1 |
| 13 | 小轴 | 45钢 | 1 |
| 12 | 螺钉(M5×14) | | 1 |
| 11 | 螺母(灵活) | HT200 | 1 |
| 10 | 固定钳身 | HT200 | 1 |
| 9 | 钳口铁 | 45钢 | 2 |
| 8 | 螺钉(M4×12) | | 4 |
| 7 | 开口销(φ2.5×16) | | 1 |
| 6 | 平垫圈 | Q235 | 1 |

| 5 | 弹　簧 | 65Mn | 1 |
|---|---|---|---|
| 4 | 活动钳身 | HT200 | 1 |
| 3 | 手　柄 | Q235 | 1 |
| 2 | 手柄球 | Q235(A3) | 1 |
| 1 | 丝　杆 | 45钢 | 1 |
| 序号 | 名　　称 | 材　料 | 数量 |

| 工　作　名　称 | 件　数 | 工时/h |
|---|---|---|
| 50mm　台　虎　钳 | 1 | 38 |

**图 X11-4（a）　台虎钳**

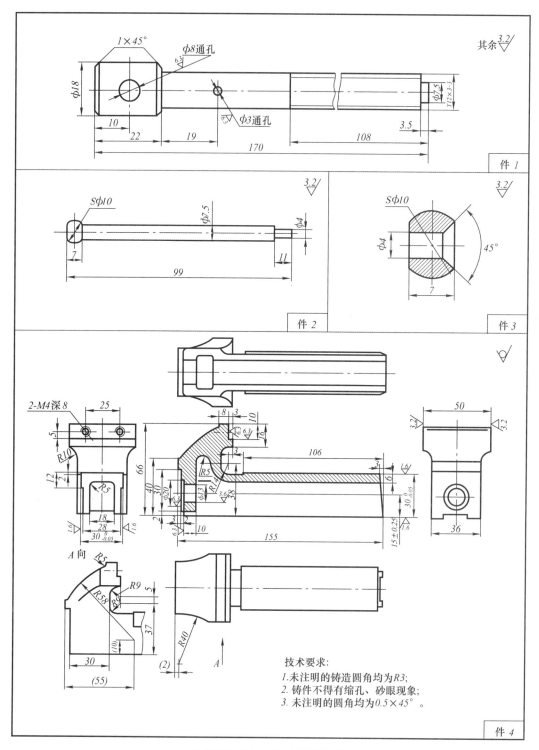

图 X11-4（b） 台虎钳零件图

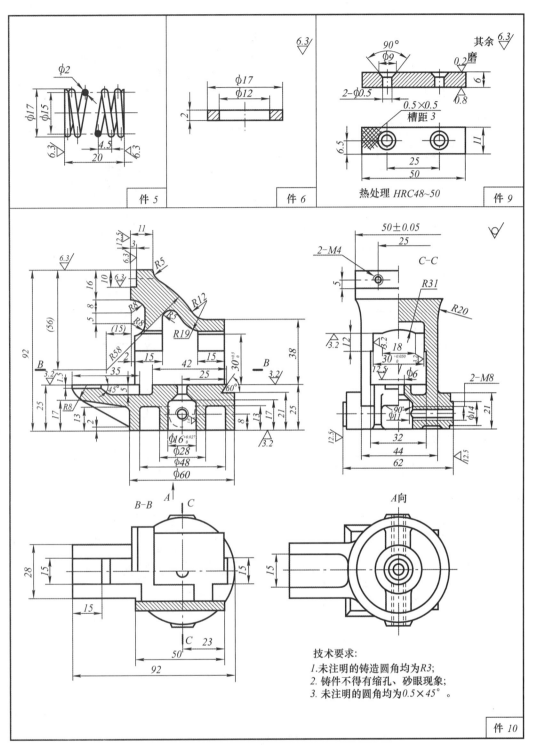

图 X11-4 (c) 台虎钳零件图

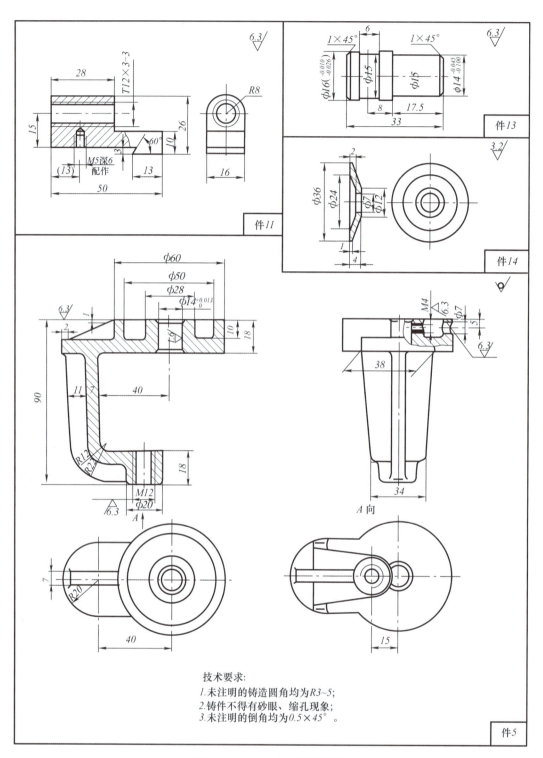

技术要求:
1.未注明的铸造圆角均为R3~5;
2.铸件不得有砂眼、缩孔现象;
3.未注明的倒角均为0.5×45°。

图 X11-4 (d) 台虎钳零件图

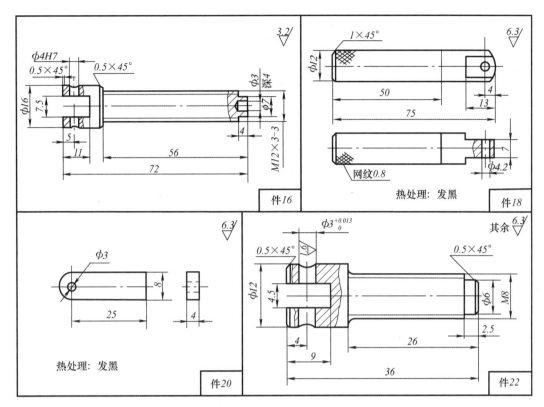

图 X11-4（e） 台虎钳零件图

实训五 自行设计并制造一副钻模或钳工工具训练

## 一、训练要求

结合生产、教学的需要，设计并制作一副钻模或钳工工具。

（1）能应用计算机辅助设计软件进行钻模或钳工工具设计。

（2）能综合用车、铣、磨、焊、钳等工种的技能制造产品。

## 二、工时

本训练总工时为 30h。

# 参考文献

［1］汪哲能，骆书芳，徐文庆. 钳工工艺与技能训练［M］. 4 版. 北京：机械工业出版社，2024.

［2］温上樵，王敏，周卫东. 钳工实训［M］. 成都：电子科技大学出版社，2014.

［3］赵玉霞，苏和堂. 钳工技能训练［M］. 合肥：安徽科学技术出版社，2013.

［4］顾致祥，强瑞鑫. 车床常见故障诊断与检修［M］. 2 版. 北京：机械工业出版社，2012.

［5］张国军，胡剑. 机电设备装调技能［M］. 2 版. 北京：北京理工大学出版社，2022.

［6］葛冬云. 机械拆装［M］. 合肥：安徽科学技术出版社，2013.

［7］潘启平. 装配钳工技能训练［M］. 北京：北京航空航天大学出版社，2013.

［8］田大勇. 装配钳工实训指导［M］. 北京：化学工业出版社，2015.

［9］冯忠伟，胡武军，耿建宝. 钳工实训［M］. 上海：同济大学出版社，2017.

［10］张水潮. 装配钳工［M］. 北京：机械工业出版社，2018.

［11］邱言龙，雷振国. 机床机械维修技术［M］. 北京：中国电力出版社，2014.

［12］朱宇钊，洪文仪. 装配钳工［M］. 北京：机械工业出版社，2014.

［13］郑喜朝. 机械加工设备［M］. 西安：西安电子技术大学出版社，2018.